新能源丛书

XIN NENG YUAN

CONG SHU

跃跃欲试的氢、锂能

李方正　楼仁兴　编著

吉林出版集团股份有限公司

图书在版编目（CIP）数据

跃跃欲试的氢、锂能 / 李方正， 楼仁兴编著． −− 长春：
吉林出版集团股份有限公司， 2013.5
（新能源）
ISBN 978−7−5534−1962−6

Ⅰ．①跃… Ⅱ．①李… ②楼… Ⅲ．①氢能−普及读
物②锂−能量利用−普及读物 Ⅳ．①
TK91−49②O614.111−49

中国版本图书馆CIP数据核字（2013）第123512号

跃跃欲试的氢、锂能

编　著　李方正　楼仁兴
策　划　刘　野
责任编辑　祖　航　李　娇
封面设计　孙浩瀚
开　本　710mm×1000mm　1/16
字　数　105千字
印　张　8
版　次　2013年8月第1版
印　次　2018年5月第4次印刷

出　版　吉林出版集团股份有限公司
发　行　吉林出版集团股份有限公司
地　址　长春市人民大街4646号
　　　　邮编：130021
电　话　总编办：0431−88029858
　　　　发行科：0431−88029836
邮　箱　SXWH00110@163.com
印　刷　湖北金海印务有限公司

书　号　ISBN 978−7−5534−1962−6
定　价　25.80元

前　言

能源是国民经济和社会发展的重要物质基础，对经济持续快速健康发展和人民生活的改善起着十分重要的促进与保障作用。随着人类生产生活大量消耗能源，人类的生存面临着严峻的挑战：全球人口数量的增加和人类生活质量的不断提高；能源需求的大幅增加与化石能源的日益减少；能源的开发应用与生态环境的保护等。现今在化石能源出现危机、逐渐枯竭的时候，人们便把目光聚集到那些分散的、可再生的新能源上，此外还包括一些非常规能源和常规化石能源的深度开发。这套《新能源丛书》是在李方正教授主编的《新能源》的基础上，通过收集、总结国内外新能源开发的新技术及常规化石能源的深度开发技术等资料编著而成。

本套书以翔实的材料，全面展示了新能源的种类和特点。本套书共分为十一册，分别介绍了永世长存的太阳能、青春焕发的风能、多彩风姿的海洋能、无处不有的生物质能、热情奔放的地热能、一枝独秀的核能、不可或缺的电能和能源家族中的新秀——氢和锂能。同时，也介绍了传统的化石能源的新近概况，特别是埋藏量巨大的煤炭的地位和用煤的新技术，以及多功能的石油、天然气和油页岩的新用途和开发问题。全书通俗易懂，文字活泼，是一本普及性大众科普读物。

《新能源丛书》的出版，对普及新能源及可再生能源知识，构建资源节约型的和谐社会具有一定的指导意义。《新能源丛书》适合于政府部门能源领域的管理人员、技术人员以及普通读者阅读参考。

在本书的编写过程中，编者所在学院的领导给予了大力支持和帮助，吉林大学的聂辉、陶高强、张勇、李赫等人也为本书的编写工作付出了很多努力，在此致以衷心的感谢。

鉴于编者水平有限，成书时间仓促，书中错误和不妥之处在所难免，热切希望广大读者批评、指正，以便进一步修改和完善。

目录

CONTENTS

01
水中有火，火中生水

　　中国有一句成语，叫"水火不相容"，意思是水与火是根本对立的。有水就没有火，有火就不可能存在水。殊不知，现代科学告诉我们，可从水中取火，火中生水。

　　我们知道，水是由氢元素和氧元素组成的。氢和氧的比例为 $2:1$，即 H_2O。氢在氧气中能够燃烧，而且燃烧时火焰的温度可以达

🔍 氢气球

到2500℃，能熔化钢铁。这不就是"水中有火"吗？人们还发现，氢气不仅能够燃烧，而且在燃烧过程中还产生水，难道这不是"火中生水"吗？所以，成语"水火不相容"在现代高科技条件下，可以赋予崭新的含义。

氢在化学元素周期表上排在第一位，一般情况下呈气体状态。氢气比空气轻，所以像探测高空气象用的气球、节日里放的彩色气球，大都是充的氢气。氢燃烧所释放出来的能量，按单位重量来计算，超过任何一种有机燃料，比汽油的能量还要高出3倍，所以氢是一种新型的高能燃料。

（1）钢铁

钢铁是铁（Fe）与碳（C）、硅（Si）、锰（Mn）、磷（P）、硫（S）以及少量的其他元素所组成的合金。其中除铁（Fe）外，碳的含量对钢铁的机械性能起着主要作用，故统称为铁碳合金。钢铁是工程技术中最重要、用量最大的金属材料。

（2）化学元素周期表

俄国化学家门捷列夫在1869年按照质子数由小到大排列，将化学性质相似的元素放在同一纵行，编制出第一张元素周期表。元素周期表揭示了化学元素之间的内在联系，成为化学发展史上的重要里程碑之一。

（3）有机燃料

有机燃料是使用有机物经过一系列的化学反应过程而生成的可以燃烧的材料，如用动物粪便发酵生成的甲烷气体、用植物种子发酵生成的乙醇等都属于有机燃料，这是社会发展的需要，也是目前所倡导的无污染的清洁能源之一。

02

自然界中的氢

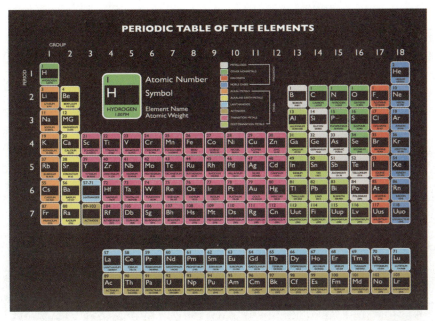

元素周期表

　　在化学元素周期表上，氢排在第一位。氢是最轻的化学元素，它在普通状况下是气体，密度只有空气的7%，无色、无味、无臭，看不见、摸不着。

　　氢气比空气轻，气球里充进氢气，就会飞到空中。充氢的气球和飞艇首次使人实现飞离地面的夙愿，在人类航空史上写下了光辉的一页。

在大自然中，氢的分布很广泛。水就是氢的"大仓库"，有人用"取之不尽，用之不竭"来形容它，这是不无道理的。在常温常压下，氢以气态存在于大气中，但它的主体是以化合物水的形式存在于地球上。水的分子式是H_2O，氢约占水的11%。地球内外到处是水，雨水、江河湖泊中的水、海水、雪水、冰水、露水、霜水、地下水、空气中的水、生物体内的水，到处都是水。所以形容氢能"取之不尽，用之不竭"，是有道理的。

（1）氢气

氢气是世界上已知的最轻的气体。它的密度非常小，只有空气的1/14。所以氢气可作为飞艇的填充气体（由于氢气具有可燃性，安全性不高，飞艇现多用氦气填充）。

（2）飞艇

飞艇是一种轻于空气的航空器，它与气球最大的区别在于具有推进和控制飞行状态的装置。飞艇由巨大的流线型艇体、位于艇体下面的吊舱、起稳定控制作用的尾面和推进装置组成。

（3）大西洋

大西洋是世界第二大洋，原面积8221.7万平方千米，在南冰洋成立后，面积调整为7676.2万平方千米，平均深度3627米，最深处波多黎各海沟深达8605米。从赤道南北分为北大西洋和南大西洋。

03
海域大火

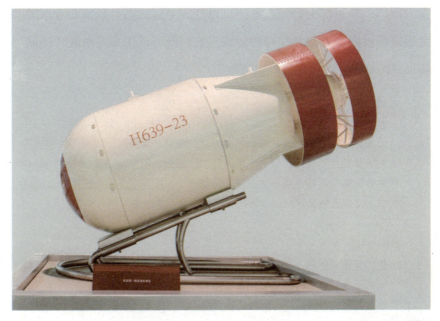

🔎 第一颗氢弹模型

　　1977年11月19日上午，印度南部的安得拉邦马德拉斯海港水域的上空，刮过一阵凶猛的大风。大风过后，数千米的海面上突然燃起了通天大火。大火引起的原因是由于那阵以每小时200千米疾驰的大风与海水发生猛烈摩擦，产生了很高的热量，将水中的氢原子和氧原子分离，并通过大风里电荷的作用，使氢离子发生爆炸，从而形成了"火海"。据科学家估算，这场"火海"所释放出的能量，相当于200颗氢弹爆炸时所产生的能量。这说明氢气不仅可以燃烧，而且燃烧时产生的热量很高。

科学家们在研究氢的特性时发现，在常温常压条件下，氢是一种最轻的气体。只要存在充足的氧，它就可以很快地完全燃烧，产生的热量比同等质量的汽油高3倍。氢无色、无臭、无味、无毒，燃烧后生成水和微量的氮化氢，对环境无害，在达到-252.7℃的低温条件下，氢变为液体；如再加上高压，氢还可以变成金属状态。氢气和液态氢、金属氢都可以很方便地储存和运输。它们既可以用来发电或转换成气体形式的能源，又可以直接燃烧做功。

（1）海港

海港指沿海停泊船只的港口，有军港、商港、渔港等。海港作为海上货物运输的集结点和枢纽，是一个国家与国际接轨的重要标志。一个好的海港不仅要有完备的运输系统，更要能够带动一个城市甚至是一个国家社会经济的发展，上海港就是这样一个港口，也是中国众多海港中的一个典型。

（2）氢弹

氢弹是核武器的一种，是利用原子弹爆炸的能量点燃氢的同位素氘等轻原子核的聚变反应瞬时释放出巨大能量的核武器，又称聚变弹、热核弹、热核武器。氢弹的杀伤破坏因素与原子弹相同，但威力比原子弹大得多。

（3）汽油

汽油外观为透明液体，可分为90号、93号、97号三个牌号。汽油虽然为无色至淡黄色的易流动液体，但很难溶解于水，易燃。汽油的热值约为44 000千焦/千克。燃料的热值是指1千克燃料完全燃烧后所产生的热量。

04
天然氢气田

我们知道，地球表面71%的面积被水覆盖，从水中含有11%的氢的数据，就可计算出氢在地球表面水体中的含量了。此外，在泥土里大约有1.5%的氢。石油、煤炭、天然气、动物和植物等也含有氢，它们都是碳氢化合物。而且人们还发现，氢气在燃烧过程中又能够生成水，这样循环下去，氢能的资源可以说是无穷无尽的。同时，这也完全符合大自然的循环规律，不会破坏"生态平衡"。

1983年，美国《油气》杂志曾报道：在美国堪萨斯

🔎 钻井平台

州东北部的福雷斯特盆地，密西西比河下游的金德胡克，发现了稀有的天然形成的氢气和氮气。据估计，该气田拥有的氢气地质储量约为 3.85×10^{10} 立方米，并且含有大量的氮气。该处共钻井5口，有两口井相距约32千米。经过分析表明，内含40%的氢，60%的氮。气样中仅含少量的 CO_2、氩和甲烷，不含氦气。

据大面积的测井资料估计，这种气体不是大气成因的，而是原生的。这个罕见的气田是比林斯公司发现的。该公司的创办人拥有关于氢气生产储存和车用的专利23项，他还发明了一种以氧化物形式储存氢气的方法。

（1）煤炭

煤炭是古代植物埋藏在地下，经历了复杂的生物化学和物理化学变化逐渐形成的固体可燃性矿物。煤炭被人们誉为黑色的金子、工业的食粮，它是18世纪以来人类使用的主要能源之一。

（2）生态平衡

生态平衡是指在一定时间内生态系统中的生物和环境之间、生物各个种群之间，通过能量流动、物质循环和信息传递，使它们相互之间达到高度适应、协调和统一的状态。

（3）密西西比河

密西西比河是世界第四长河，也是北美洲流程最长、流域面积最广、水量最大的河流，位于北美洲中南部，注入墨西哥湾。密西西比河全长6020千米，其长度仅次于非洲的尼罗河、南美洲的亚马孙河和中国的长江，是整个北美大陆的第一长河。

05
氢的发现史

🔍 **空中的氢气球**

　　人们发现氢已经有400多年的历史了。400多年前，瑞士科学家巴拉塞尔斯把铁片放进硫酸中，发现放出许多气泡，可是当时人们并不认识这种气体。1766年，英国化学家卡文迪许对这种气体产生了兴趣，发现它非常轻，只有同体积空气重量的6.9%，并能在空气中燃烧成水。到1783年，法国化学家拉瓦锡经过详尽研究，才正式把这种物质取名为氢。

氢气一诞生，它的"才华"就初露锋芒。1780年，法国化学家布拉克把氢气灌入猪的膀胱中，制造了世界上第一个最原始的、冉冉飞上高空的氢气球，这是氢的最初用途。1869年，俄国著名学者门捷列夫根据地球中各种化学元素的性质，整理出化学元素周期表，并将氢元素排在了第一周期的第一个位置。此后，从氢出发，寻找其他元素与氢元素之间的关系，为众多元素的发现打下了基础，人们对氢的研究和利用也就更科学化了。

（1）硫酸

硫酸化学式为H_2SO_4，是一种无色无味油状液体，也是一种高沸点难挥发的强酸，易溶于水，能以任意比与水混溶。硫酸是基本化学工业中的重要产品之一。它不仅可以作为许多化工产品的原料，而且还广泛地应用于其他国民经济部门。

（2）膀胱

膀胱是一个储尿器官。在哺乳类，它是由平滑肌组成的一个囊形结构，位于骨盆内，其后端开口与尿道相通。膀胱与尿道的交界处有括约肌，可以控制尿液的排出。

（3）门捷列夫

门捷列夫（1834—1907），19世纪俄国化学家，发现了元素周期律，并就此发表了世界上第一张元素周期表。他的名著《化学原理》，在19世纪后期和20世纪初，被国际化学界公认为标准著作，前后共出了八版，影响了一代又一代的化学家。

06
氢，无处不在

由于氢气在燃烧过程中只产生水，而没有灰渣和废气，不会污染环境，所以，它又是一种清洁的、无污染的燃料。氢既可以代替煤炭、石油和天然气用在日常生活中，也可以用在工业上，成为一种新能源。

在地球上，作为一种燃料物质的氢，可以说是取之不尽、用之不竭的。因为大自然中氢气无处不在，空气中，泥土里，特别在水中，

🔎 天然气储气站

氢就更多了。而大自然中的水体又是十分庞大的，仅海洋中的水就有13.38亿立方千米，此外还有江河湖泊中的水。水中大约含有11%的氢，要是把水中的氢都分解出来作为能源来使用，而氢在燃烧过程中还要产生水，这样一来，氢能源岂不是取之不尽、用之不竭吗？

正是由于氢的"才华"超群，近年来才备受世界各国能源专家的青睐。20世纪50年代，在航空事业上，利用液态氢作为超音速和亚音速飞机的燃料，使B-57双引擎轰炸机改装氢发动机，实现了氢能飞机上天。1957年地球卫星上天，1963年宇宙飞船遨游太空，1968年阿波罗号飞船登上月球等，都有着氢燃料不可磨灭的功绩。

（1）天然气

天然气是一种多组分的混合气态化石燃料，主要成分是烷烃，其中甲烷占绝大多数，另有少量的乙烷、丙烷和丁烷。它主要存在于油田和天然气田，也有少量出于煤层。天然气燃烧后无废渣、废水产生，相较煤炭、石油等能源有使用安全、热值高、洁净等优势。

（2）超音速、亚音速

声音在15℃的空气中的速度是340米/秒。超音速是指速度比340米/秒大的状态；速度小于340米/秒的称作亚音速。

（3）宇宙飞船

宇宙飞船是一种运送航天员、货物到达太空并安全返回的一次性使用的航天器。它能基本保证航天员在太空短期生活并进行一定的工作。它的运行时间一般是几天到半个月，一般乘坐2~3名航天员。

07
氢的同位素

🔍 **海水中含有氘**

氢是元素周期表中的第一号元素，也是原子结构最简单的元素。美国化学家尤里在1932年发现氢的一种同位素，它被命名为"氘"。氘的原子核由一个质子和一个中子构成。1934年，卢瑟福预言氢存在着另一种同位素"三重氢"。同年，他与其他物理学家在静电加速器上用氘核轰击固态氘靶，发现了氢元素的聚变现象，并制得了"氚"。

氢的同位素是重氢，即氘和氚。它们都是第三代核能（聚变核能）的燃料。重氢核聚变产生的能量比铀原子核裂变释放出的能量大若干倍。自然界中大约4.546升的水中就含有0.5克氘，所产生的核聚变能约等于1365桶汽油所含的能量。科学家计算，每升海水大约含有0.03克氘，海水中总共含有45亿吨氘，足够人类用10亿~15亿年之久。所以有的科学家认为，海水中的重氢（氘和氚）将是解决人类能源危机的最大希望。不过，由于核聚变能的技术比较复杂，要获得这种能源恐怕还要等待数十年之久。一旦实现了核聚变能的大规模工业生产和应用，那时我们就能真正实现从海水中大量制取氢，就可以制造"人造太阳"和改变气候了。

（1）同位素

同位素是指具有相同质子数、不同中子数（或不同质量数）的同一元素的不同核素。例如氢有三种同位素，氕、氘（又叫重氢）、氚（又叫超重氢）；碳有多种同位素，例如^{12}C、^{13}C和^{14}C（有放射性）等。

（2）静电加速器

静电加速器是指利用静电高压加速带电粒子的装置，可用以加速电了或质子。1931年R.J.范德格拉夫首先研制成功，称范德格拉夫起电机。它可分为正离子静电加速器（简称质子静电加速器）和电子静电加速器两类。

（3）重氢

重氢，即氘，为氢的一种稳定形态同位素，元素符号一般为D或2H。它的原子核由一颗质子和一颗中子组成。在大自然中的含量约为一般氢的七千分之一，用于热核反应，被称为"未来的天然燃料"。

08
太阳的奥秘

　　现代得知，太阳是由70多种元素组成的，例如氢、氦、碳、氮、氧和各种金属等。从质量来说，氢和氦最多，占所有元素的98%，氢与氦的比为1∶3，而其他元素只占2%。

　　经科学家们研究证实，太阳内部蕴藏着大量的氢，是维持太阳生命的"粮食"。在太阳内部高温高压的条件下，那里正在进行着热核反应，4个氢原子核聚变为1个氦原子核。热核反应进行的时候，释放出大量的能量，但是这种反应比较缓慢。

🔍 太阳蕴藏巨大的光和热

20世纪40年代，德国著名物理学家贝特提出恒星能量生成的理论，指出氢是太阳的燃料，太阳上所进行的反应不是一般的化学反应，而是在高温中进行的热核反应。氢原子的原子核是由一个质子组成的，两个氢原子核就会发生聚合反应，合并成氢的同位素——氘核。氘核是由一个质子和一个中子组成的，但是氘核形成后并不稳定，它又很快俘获一个氢核，变成氢的另一个同位素氚核。氚核是由一个质子和两个中子组成的，同时在反应中放出 γ 射线。然后两个氚核又相互结合成氦核，生成两个中子，并以H射线的形式放出 1.14×10^7 电子伏的能量。

（1）热核反应

热核反应是指由质量小的原子，主要是指氘或氚，在一定条件下（如超高温和高压），发生原子核互相聚合作用，生成新的质量更重的原子核，并伴随着巨大的能量释放的一种核反应形式。

（2）恒星

恒星是由炽热气体组成的，是能自己发光的球状或类球状天体。由于恒星离我们太远，不借助于特殊工具和方法，很难发现它们在天上的位置变化，因此古代人把它们认为是固定不动的星体。我们所处的太阳系的主星太阳就是一颗恒星。

（3）γ 射线

γ 射线，又称 γ 粒子流，是原子核能级跃迁蜕变时释放出的射线，是波长短于0.2埃的电磁波。γ 射线有很强的穿透力，工业中可用来探伤或用于流水线的自动控制。γ 射线对细胞有杀伤力，医疗上用来治疗肿瘤。

09
氢的三兄弟

🔎 煤

　　聚变反应的核燃料很多。氢氧结合成水，9千克水里就有1千克氢；氘和氧结合成重水，重水就混在普通水中。1升水里约含氘0.02克，一桶水里含有的氘的聚变能，相当于300桶汽油所含有的能量。仅海水里就有30万亿吨氘，相当于$3×10^{20}$吨煤。其他聚变反应的核燃料，如锂在受中子轰击时可以产生氚，聚变反应也可以在氘核与氚核之间进行，海水里的锂就有2600亿吨。

　　氢"三兄弟"（氕、氘、氚）中，氕最多，但是最难发生聚变。相对来说，最容易发生聚变反应的是氚，可惜氚又太少。氘比氕容易实现聚变，而且数量又比氚多得多，它可以成为聚变反应核燃料中的"主角"。

　　怎样使氢原子之间发生聚变反应呢？办法之一是加温，把温度提高到几千万摄氏度甚至上亿摄氏度，使氢原子核以每秒几百千米的极高速度运动，这才有可能使它们碰到一起，发生聚变反应，所以聚变反应又称热核反应。

　　理论计算告诉我们，氢核的聚变需要10亿℃以上的高温，氘的聚变点火温度达4亿℃以上，氘和氚的热核反应也要在5000万℃的高温下才能进行。

　　人类已经实现了人工热核反应，那就是氢弹爆炸。氢弹爆炸的热核反应是靠装在氢弹内部的一颗小型原子弹的爆炸创造的超高温和高压环境实现的。

（1）核燃料

　　核燃料是可在核反应堆中通过核裂变或核聚变产生实用核能的材料。重核的裂变和轻核的聚变是获得实用铀棒核能的两种主要方式。铀235、铀238和钚239是能发生核裂变的核燃料，又称裂变核燃料。

（2）重水

　　重水是氢同位素氘和氧的化合物，化学式为D_2O，熔点3.82℃，沸点101.2℃，密度1.104克/立方厘米（室温）。分子量为20.027 5，比普通水（H_2O）的分子量18.015 3高出约11%。

（3）聚变反应

　　聚变反应是由较轻的原子核聚合成较重的原子核而释出能量。最常见的是由氢的同位素氘和氚聚合成较重的原子核如氦而释出能量。

10

聚变核燃料及其生产

聚变核燃料也就是热核燃料，通常包括氘（D）、氚（T）、锂–6（6Li）。

氕（氢）、氘、氚是同一家族，即氢的同位素。氘广泛地以重水（D_2O）的形式存在于天然水中，海水中氘的含量很低，但总量很可观，超过2.3×10^{13}吨，只是如何提取是问题。

 锂电池

氚则是人工制备的放射性核素。

锂的同位素有两种，即锂-6和锂-7。天然锂中锂-6占7.5%，锂-7占92.5%。在自然界中锂的分布较广，在地壳中的含量约占三万分之一，主要赋存在锂辉石和锂云母中。

锂发现于1817年，但直到20世纪50年代前后才少量用于玻璃、陶瓷及合金的制造中。20世纪70年代早期，人们把碳酸锂加到铝电解槽中，可以节电10%，增产铝10%，并能使对环境有害的氟的挥发量减少25%~50%。从那时起，锂在铝工业中的用量不断增加。

（1）放射性核素

放射性核素指具有放射性的核素，如^3H、^{14}C等。利用放射性核素及其标记化合物可对疾病进行诊断和研究，是20世纪50年代以后迅速发展起来的现代医学重要诊断技术之一。

（2）地壳

地壳是指由岩石组成的固体外壳，是地球固体圈层的最外层，岩石圈的重要组成部分，可以用化学方法将它与地幔区别开来。其底界为莫霍洛维奇不连续面（莫霍面）。

（3）陶瓷

陶瓷是以黏土为主要原料以及各种天然矿物经过粉碎混炼、成型和煅烧制得的材料以及各种制品，包括陶器和瓷器。陶瓷材料一般硬度较高，但可塑性较差。除了用在食器、装饰上，在科学、技术的发展中亦扮演重要角色。

11
开发氢的两大难题

当前开发氢能尚存在两大难题，一个是氢气的储存问题，另一个则是氢气的制取问题。氢气在-252.7℃的低温条件下，可以变为液体，这种液态氢可以装在特制的钢瓶里，但是因为液态氢的沸点很低，常温下的蒸汽压力很大，所以在普通动力设备上很难使用。液态氢再加上高压，还可以变成金属状态，人们把氢的固体金属和非金属氢化物储存起来，这样使用和运输都比较方便。氢的这种储存方法是与科学家的努力分不开的，但目前费用仍比较昂贵。

目前氢的储存还存在着一些问题，例如，同样体积的气体氢燃烧后所产生的热量仅为天然气的1/2，气体氢遇到氧时，很容易点燃引起爆炸；氢同金属接触容易使其变脆等。这些问题成为科学界亟待解决的难题，有待于科学家们的努力开拓。

目前制取氢的方法比较多，例如常规制氢法、生物制氢法、太阳能制氢法、原子造氢等。但生产成本都比较高，今后要大量生产氢气，必须努力把成本费用降下来，才能满足氢作为主体能源的需要。

虽然金属氢目前在地球上还是一种不存在的物质，但从理论上，人工制造金属氢是可能的。这已成为一项专门的科学技术课题。如果制造金属氢的理想能够实现，则将为寻找新能源和室温超导材料开辟宽广的前景。

○ 氢气球

（1）沸点

沸点是在一定温度下液体内部和表面同时发生的剧烈汽化现象。液体沸腾时候的温度被称为沸点。浓度越高，沸点越高。不同液体的沸点是不同的，所谓沸点是针对不同的液态物质沸腾时的温度。沸点随外界压力变化而改变，压力低，沸点也低。

（2）金属氢

金属氢是指液态或固态氢在上百万大气压的高压下变成的导电体，由于导电是金属的特性，故称金属氢。从理论上来看，在超高压下得到金属氢确实是可能的。不过，要得到金属氢样品，还有待科学家们进一步研究。

（3）超导材料

超导材料是在适当的温度、磁场强度和电流密度下，具有超导电性的材料。超导材料处于超导态时电阻为零，能够无损耗地传输电能。如果用磁场在超导环中引发感生电流，这一电流可以毫不衰减地维持下去。

12
利用碳氢化合物制氢

目前，企业多利用天然气、煤、石油产品作为原料来生产氢气。之所以多采用这些碳氢化合物为原料，而少用水为原料，其原因在于水分子中氢和氧的结合非常牢固，要把它们分开，必须花费很大力气。例如，必须加热到3000℃左右的高温，才能把水分解成氢气和氧气。这样不仅需要消耗很多能量，而且还必须有耐高温、耐高压的设备。

天然气和煤等都是碳氢化合物，把碳氢化合物同蒸汽放到一起，在高温高压下，依靠催化剂的帮助，就能制得氢气。当然，这里的高温高压比起加热分解水的高温高压要低得多。

煤通过高温干馏生成焦炭，同时得到一种气体产物——炼焦煤气，从炼焦煤气中可以制取氢。这是一种古老的生产氢的方法，而且氢只是一种副产品。同样，石油产品石脑油在加压重整提高汽油产品质量的过程中，也会获得副产品氢气。

这类方法都是以碳氢化合物作为原料，也就是说，仍旧离不开煤炭、石油、天然气等化石燃料，所以算不上是一种有前途的技术。

🔍 焦炭

（1）催化剂

催化剂指在化学反应里能改变其他物质的化学反应速率（既能提高也能降低），而本身的质量和化学性质在化学反应前后都没有发生改变的物质。如蛋白质性酶和具有催化活性的RNA。

（2）干馏

干馏指固体或有机物在隔绝空气条件下加热分解的反应过程。干馏的结果是生成各种气体、蒸气以及固体残渣。对木材干馏可得木炭、木焦油、木煤气；对煤干馏可得焦炭、煤焦油、粗氨水、焦炉煤气。

（3）焦炭

焦炭是炼焦物料在隔绝空气的高温炭化室内经过热解、缩聚、固化、收缩等复杂的物理化学过程而获得的固体炭质材料，是重要的有机合成工业原料。

13

热化学法制氢

　　还有其他方法可以分解水吗？有的，而且过去就有，那就是电解法。电解法是在水中放一些硫酸，通电，阳极上可以得到氧气，阴极上可以获得氢气。电解法不消耗化石燃料，但是要用电，而且用电量很大，生产1千克氢就要消耗电能57度，成本实在太高。只有在电力充足、价廉的情况下，例如核能、太阳能发电技术取得长足进步之后，电解水制氢才有可能焕发青春，为大规模生产氢燃料作出新贡献。

　　热化学法是1970年才开始进行研究的。这其实也是一种加热直接裂解水的方法，不过不是单纯依靠加热硬把氢、氧分开，而是通过几步化学反应来达到目的，所以又叫分步反应裂解水制氢法。

　　在热化学法制氢中，不同的化学反应有不同的化合物，如钙、溴、汞、铁、碘、镁、铜等的化合物，作为中间反应物参加，温度各不相同，大都只有几百摄氏度，高的才有上千摄氏度。反应结束后，中间反应物的数量不变，可以回收循环使用，消耗的只是水。水被分解成氢和氧，氢是燃料，氧的用途也很广泛。

　　热化学法如果同核反应堆联系到一起，利用核反应堆的余热来提供所需要的能量，那就可以进一步降低氢的生产成本。

🔍 太阳能发电

（1）电解法

　　电解法在金属盐溶液中通以直流电，金属离子在阴极上放电析出，形成易于破碎成粉末的沉积层。电解过程是在电解池中进行的，是电流通过物质而引起化学变化的过程。

（2）化石燃料

　　化石燃料亦称矿石燃料，是一种碳氢化合物或其衍生物，其包括的天然资源为煤炭、石油和天然气等。化石燃料的运用能使工业大规模发展，从而替代水车。当发电的时候，在燃烧化石燃料的过程中会产生能量，推动涡轮机产生动力。

（3）化合物

　　化合物是由两种或两种以上的元素组成的纯净物。化合物具有一定的特性，通常还具有一定的组成。化合物主要分为有机化合物和无机化合物。

14
生物制氢

　　生物制氢，即人工模仿植物光合作用分解水制取氢气。目前，美国、英国用1克叶绿素，每小时可产生1升的氢气，它的转化效率高达75%。

　　1942年前后，科学家们首先发现一些藻类的完整细胞，可以利用阳光产生氢气流。7年之后，又有科学家通过实验证明某些具有光合作用的菌类也能产生氢气。此后，许多科学家从不同角度展开了利用微生物产生氢气的研究。近年来，已查明有16种绿藻和3种红藻有产生氢气的能力。藻类主要通过自身产生的脱氢酶，利用取之不尽的水和无偿的太阳能来产生氢气。这是太阳能在微生物的作用下转换利用的一种形式，这个产氢过程可以在15~40℃的较低温度下进行。

　　科学家们把具有产生氢气能力的细菌划分为4种类型，第一种是依靠发酵过程而生长的严格厌氧细菌；第二种是能在通气条件下发酵和呼吸的兼性厌氧细菌；第三种是能进行厌氧呼吸的严格厌氧菌；第四种是光合细菌。前三类细菌都能够利用有机物，从而获取其生命活动所需要的能量，被称为"化能异养菌"。第四类的光合细菌，可以利用太阳提供的能量，属自养细菌范畴。近年来发现有30种化能异养菌可以发酵糖类、醇类、有机酸等产生氢气，其中有些细菌产生氢气的能力较强。一种叫酪酸梭状芽孢杆菌的细菌，发酵1克重的葡萄糖可以产生约0.25升的氢气。

🔍 蓝藻

（1）光合作用

光合作用，即光能合成作用，是植物、藻类和某些细菌在可见光的照射下，经过光反应和暗反应，利用光合色素，将二氧化碳（或硫化氢）和水转化为有机物，并释放出氧气（或氢气）的生化过程。

（2）叶绿素

叶绿素是一类与光合作用有关的最重要的色素。叶绿素实际上存在于所有能营造光合作用的生物体中，包括绿色植物、原核的蓝绿藻（蓝菌）和真核的藻类。叶绿素从光中吸收能量，然后能量被用来将二氧化碳转变为碳水化合物。

（3）兼性厌氧细菌

兼性厌氧细菌又称兼嫌气性微生物、兼嫌气菌、兼性好氧菌。它既可以在有氧条件下进行新陈代谢，又可以在无氧状态下进行新陈代谢。但在这两种状况下，体内的生化反应是不同的，也就是说产能途径不同。

15
微生物制氢

　　在未来的年代，随着科学技术的发展，自然界中各种形式的碳水化合物都可以转化为廉价的葡萄糖，从长远观点看，这条生产氢气的途径是值得探求的。因为人们熟悉的大肠杆菌以及产气杆菌、某些芽孢杆菌、反刍动物瘤胃中的很多种细菌，大都具有不同程度的产氢气能力。在光合细菌中，发现了约13种紫色硫细菌和紫色非硫细菌可以产生氢气，这部分细菌可利用有机物或硫化物，有的需要在光照下，有的并不一定需要光的照射，经过一系列生化反应而生成氢气。

　　利用微生物生产氢气，在一些国家曾做了中间工厂的试验性生产，结果令人满意。采用活力强的产气夹膜杆菌，在容积10升的发酵器中，经8小时发酵作用后，产生约45升氢气，最大产氢气速度为每小时18~23升。人们期待着用遗传变异手段大幅度提高微生物产生氢气的能力，为利用微生物生产氢气尽早投入实际生产和应用创造条件。

（1）葡萄糖

　　葡萄糖（化学式$C_6H_{12}O_6$）是自然界分布最广且最为重要的一种单糖。纯净的葡萄糖为无色晶体，有甜味但甜味不如蔗糖，易溶于水，微溶于乙醇，不溶于乙醚。葡萄糖在生物学领域具有重要地位，是活细胞的能量来源和新陈代谢的中间产物，即生物的主要供能物质。

（2）大肠杆菌

大肠杆菌是在1885年由Escherich发现的，分布在自然界，大多数是不致病的，主要附生在人或动物的肠道里，为正常菌群，少数的大肠杆菌具有毒性，可引起疾病。

（3）反刍动物

反刍动物就是有反刍现象的动物，通常是一些草食动物，因为植物的纤维是比较难消化的。反刍是指进食经过一段时间以后将半消化的食物返回嘴里再次咀嚼。

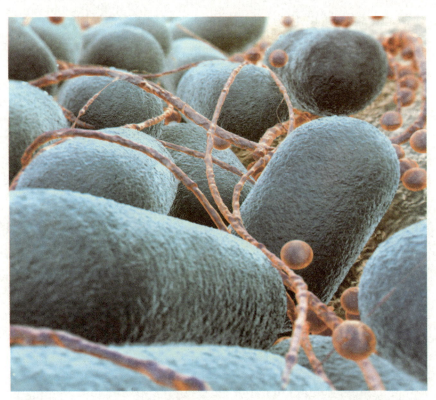

大肠杆菌

16
太阳能制氢

太阳能高温分解水制氢以及络合制氢等办法，是太阳能的高级转换和储存。尽管目前太阳能制氢还存在不少关键技术问题有待解决，但它已向人们展现出许多可喜的苗头，引起氢能研究者们的浓厚兴趣。这里仅简要地介绍一种太阳能制氢途径：

太阳热分解水制氢。我们知道，水（H_2O）是由氢和氧组成的，而氢和氧又结合得十分牢固，要把它们分开，就得增加温度。在1000℃的时候，只有很少的水分解，生成氢

🔎 五彩缤纷的氢气球

气和氧气，温度越高，水被分解得越多，产生的氢气也越多。根据这个道理，日本用凹透镜聚焦的原理，把太阳光聚集起来，产生3000℃以上的高温，使水分解，生产大量的氢气。

由此说明，在高倍率的太阳光聚焦下，可以获得数千度的温度。水在大约3000℃的情况下可以热裂解，使O—H键"劈开"，生成氢和氧。当然，实现这种光—热—化学的转变不是一件容易的事，它将涉及许多中间反应剂和耐高温容器及材料问题。

（1）日本

日本是东北亚一个由本州、四国、九州、北海道四个大岛及3900多个小岛组成的岛国。东临太平洋，西与中国、朝鲜、韩国以及俄罗斯隔海相望。19世纪中期明治维新后，日本成为帝国主义列强之一，二战战败后通过《和平宪法》，实行以天皇为国家象征的君主立宪制。日本是发达国家。

（2）凹透镜

凹透镜亦称为负球透镜，镜片的中央薄，周边厚，呈凹形。凹透镜对光有发散作用，平行光线通过凹球面透镜发生偏折后，光线发散，成为发散光线，不可能形成实性焦点，沿着散开光线的反向延长线，在投射光线的同一侧交于F点，形成的是一虚焦点。

（3）热裂解

热裂解是指在高温、隔绝空气的条件下发生分解反应的过程，在此指的是水在高温、隔绝空气的条件下发生分解生成氢气和氧气的化学过程。

17
电解水制氢

电解水制氢是一种比较成熟的制氢技术。但在太阳能利用方面，则决定于太阳能发电的经济性。在不断降低太阳能发电成本的情况下，采用电解水制氢是完全可能的。

20世纪70年代，当人们研究半导体电极的时候，发现有这样一种奇妙的现象：把氧化钛晶体电极和铂黑电极连接起来，放到水里，就产生电流。后来，人们从这里得到启发，想用这个办法来生产氢气。经过大量的实验，人们用半导体材料钛酸锶做光电极，金属铂做暗电极，连在一起，放进水里，经过太阳照射，果然，钛酸锶电极上放出氧气，铂电极上则冒出了氢气，这就是光电解水制氢法。目前，人们仍旧在寻找性能良好的半导体材料，进一步提高光电解水的效率。

还有一种提取氢气的办法，就是先用太阳能发电，然后再用电来电解海水，这个办法也引起了科学家的重视。据报道，美国和日本已经决定在太平洋上合建一座这样的工厂。有人估计，一旦这个"阳光——海水"的计划实现，有可能解决世界能源短缺的问题。

🔍 氢气球

（1）半导体电极

　　半导体电极指将半导体作为电极材料时，半导体及与它紧密接触的电解质构成的电极。它与金属电极材料的主要差别为：有电子和空穴，都能导电；因表面缺陷、吸附、氧化物生成等原因形成"表面态"能级，影响电极性能；合适的光照将产生光电流。

（2）半导体材料

　　半导体材料是一类具有半导体性能（导电能力介于导体与绝缘体之间）、可用来制作半导体器件和集成电路的电子材料。

（3）太平洋

　　太平洋是位于亚洲、大洋洲、美洲和南极洲之间的世界上最大、最深、边缘海和岛屿最多的大洋。太平洋南起南极地区，北到北极，西至亚洲和澳洲，东界南、北美洲。其面积约占地球面积的1/3，是世界上最大的大洋。

18
原子造氢

有些成熟的制氢方法，如果从经济角度看，实在是太昂贵了，例如电解水制氢，有85%的电能白白浪费掉了，只有15%的电能体现到了氢能中，因此人们不愿用这类方法来制取氢。

利用原子反应堆废热的想法，已是非常诱人的事了。要知道，这种原子—氢电站的有用功系数，在理论上可超过70%，而普通原子电站的有用功系数只有30%。即使除去原子—氢电站自身消耗的电力，其有用功系数还能达到50%~56%，任何汽轮机发电站都没有这么高的指标。

另外，还有可能将原子—氢电站与一系列冶金工厂或化工厂结合起来。如果将制取的氢及氧送进燃料电池中，那么这种电站就将只生产电能。我们可以用电力来电解海水或者从海水中提取铀、溴、钾以及其他贵重物质。当然，上面说的仅是以氢能为基础的几种可行方案之一，还有其他方案。

根据美国科学家的预测，随着天然燃料蕴藏量的减少，人类将进入原子—电化学世纪。海岸旁的大型原子电站将为我们生产电能，电能将用来把海水分解成氢和氧（用的还是电解法，此方法正逐年完善起来，效能越来越高，费用越来越低廉）。

🔍 汽轮机检修

（1）有用功系数

有用功系数是指装置输出的有用功与透平输出功的比值。它用于比较燃气轮机的相对大小和表明在工作状况发生变化时装置性能对各部件性能变化的敏感性。

（2）汽轮机

汽轮机是将蒸汽的能量转换成为机械功的旋转式动力机械，又称蒸汽透平。主要用作发电用的原动机，也可直接驱动各种泵、风机、压缩机和船舶螺旋桨等。还可以利用汽轮机的排汽或中间抽汽满足生产和生活上的供热需要。

（3）冶金

冶金就是从矿石中提取金属或金属化合物，用各种加工方法将金属制成具有一定性能的金属材料的过程和工艺。冶金的技术主要包括火法冶金、湿法冶金以及电冶金。

19
氢气的储存（一）

氢气是一种密度非常小、性质活泼的气体，它飘浮不定，很难储存，因此在使用上往往受到限制。如果不解决氢的储存问题，即使能大量生产氢气，氢能的应用推广也成问题。

气体高压储存。通常在15个大气压的高压条件下，氢气可以储存在特制的压力钢瓶中，利用这种方法储存氢，首先要造成很高的压力，因此要消耗许多能源，而且由于钢瓶壁厚，容器笨重，因而材料浪费大，造价高。现有高压钢瓶充气压力是20个大气压，一个储氢10标准立方米的钢瓶，其储氢重量只占钢瓶重量的1.6%左右。即使是采用钛合金钢瓶，也不过只有5%的储氢比。况且这种高压容器在搬运时容易发生危险，大量储氢和用氢均不方便，只能在特殊需要的情况下才能采用这种方法储氢。也有人考虑用地下岩洞做高压储氢，但是密封问题很难解决。

（1）钢瓶

钢瓶指贮存高压氧气、煤气、石油液化气等的钢制瓶。钢瓶的安全储存和运输气体钢瓶一般盛装永久气体、液化气体或混合气体。

（2）钛合金

钛合金是以钛为基础加入适量其他合金元素组成的合金，耐海水腐蚀性优异。钛合金因具有强度高、耐蚀性好、耐热性高等特点而被广泛用于各个领域。

（3）岩洞

岩洞又称溶洞或洞穴。岩洞是由于天然水流经可溶性岩石（如石灰岩、白云岩等）与它们发生化学反应而使岩石溶解所形成的地下空间。喀斯特地区因溶蚀、冲蚀形成的近似水平的洞穴深度不超过10米，一般分布在河谷两侧。

 钢瓶

氢气的储存（二）

20

液氢深冷储存。在一个大气压条件下，氢气冷冻至−252.7℃以下，即变成液态氢。这时氢的密度提高，体积缩小，储存器的体积也可缩小。这对一些特殊用途（如宇航的运载火箭等）的氢携带是很有利的。但是液氢与外界环境温度的差距悬殊，储存容器的隔热十分重要，同时氢的液化要消耗大量能源，每千克液氢耗能在11.8千卡以上，相当于耗电3.3千瓦/小时。此外，制造液氢罐的成本也很高，一般需要真空隔热。

金属氢化物储氢。氢的化学特性很活泼，它可以同许多金属或合金相化合。某些金属或合金吸收氢后，即形成一种金属氢化物，有的含氢量很高，甚至高于液氢的密度。这种氢化物在一定温度条件下会分解，并把所吸收的氢释放出来，这就构成一种良好的储氢材料。从20世纪70年代开始，金属氢化物储氢越来越受到人们的重视。

其他化合物储氢。各种氢化合物都可看成储氢材料，但是有的化合物不易将氢释放出来，因此不能用作储氢材料，例如甲烷（CH_4）和氨气（NH_3）等。但人们还是努力从这些氢化合物中寻找较易释放氢的办法。

🔍 运载火箭模型

（1）运载火箭

运载火箭指由多级火箭组成的航天运输工具，用途是把人造地球卫星、载人飞船、空间站、空间探测器等有效载荷送入预定轨道。运载火箭是在导弹的基础上发展的，一般由2~4级组成，每一级都包括箭体结构、推进系统和飞行控制系统。

（2）储氢材料

储氢材料是指一类能可逆地吸收和释放氢气的材料。最早发现的是金属钯，1体积钯能溶解几百体积的氢气，但钯很贵，缺少实用价值。后来又发现了镧镍合金，每克镧镍合金能贮存0.157升氢气，略微加热，就可以使氢气重新释放出来。

（3）氨气

氨气为无机化合物，常温下为气体，无色有刺激性恶臭的气味，易溶于水，氨溶于水时，氨分子跟水分子通过氢键结合成一水合氨（$NH_3 \cdot H_2O$）。一水合氨能小部分电离成铵离子和氢氧根离子，所以氨水显弱碱性，能使酚酞溶液变红色。

21
氢的用途广泛

据统计，全世界每年生产4000亿立方米氢气，其中88%用在非能源方面，10%用来合成甲烷，仅有2%和天然气混合作为燃料，化学工业部门耗氢最高，仅生产制造化肥的主要原料氨一项的耗氢量就达2000亿立方米。提炼石油用掉1000亿立方米，余下的1000亿立方米消耗在气象探测氢气球充气、人造黄油等方面。

氢是生产氨、乙炔、甲烷、甲醇等的原料。氢又可以代替焦炭作为制取钨、钼、钴、铁等金属粉末的还原剂。在用氢氧焰切割钢铁等金属时，也要使用氢气，因为氢气在氧气里能够燃烧，氢气火焰的温度可以达到2500℃。

氢是一种高热值的燃料。氢的发热本领是最大的，任何一种化学燃料都比不上它。燃烧1千克氢能放出3.4万千卡的热量，相当于甲醇的2倍，汽油的3倍，焦炭的4.5倍。

氢气在一定的压力和低温下，很容易变成液体。这种液体氢既可以用作飞机的燃料，也可以用作导弹、火箭的燃料。美国利用液氢作为超音速和亚音速飞机的燃料，使B-57双引擎轰炸机改装了氢发动机，实现了氢能飞机上天。宇宙飞船也是以氢为燃料，这一切都显示出氢燃料的丰功伟绩。

（1）石油

石油又称原油，是一种黏稠的、深褐色的液体。地壳上层部分地区有石油储存。主要成分是各种烷烃、环烷烃、芳香烃的混合物。石油是古代海洋或湖泊中的生物经过漫长的演化形成的，属于化石燃料。石油主要被用来生产燃油和汽油，也是许多化学工业产品如溶液、化肥、杀虫剂和塑料等的原料。

（2）人造黄油

人造黄油又称麦淇淋，它是由一种或多种动物油脂制成的黄油或奶油的代用食品。它是指一些餐桌上用的涂抹油脂和一些用于起酥的油脂。由于价格便宜，在某些地方逐渐代替了黄油。

（3）甲醇

甲醇是无色、有酒精气味、易挥发的液体，有毒，误饮5~10毫升会双目失明，大量饮用会导致死亡。甲醇常用于制造甲醛和农药等，并用作有机物的萃取剂和酒精的变性剂等，通常由一氧化碳与氢气反应制得。

石油工业抽油机

22
什么是聚变反应

与裂变反应相比，聚变反应正好相反，它是由两个很轻、很结实的原子核聚合到一起，变成一个比较重的原子核的核反应。如果裂变反应放出的原子能叫裂变能，那么聚变反应放出的原子能就应叫作聚变能。

聚变材料为氢、氘、氚和氦。氘和氚都是氢的同位素。

氘原子核中有一个质子和一个中子，原子量是 α，是氢的一种同位素。氘又名重氢。

 天空中的气球

氚也是氢的一种同位素，又名超重氢，核中含有一个质子与两个中子。

氦核中有两个质子和两个中子。

自然界里最轻的元素是氢。除了氢以外，其他一些轻元素，如氦、锂、硼等，也可用作聚变反应的核燃料。

聚变反应释放出来的能量有多大呢？1千克氘和氚，通过聚变反应释放出来的能量，同燃烧1万吨优质煤释放出来的能量相等。应该说，聚变反应比裂变反应的威力还大。

（1）原子核

原子核是由带正电荷的质子和不带电荷的中子构成，原子中质子数等于电子数，因此正负抵消，原子不显电。原子是个空心球体，原子中大部分的质量都集中在原子核上，电子几乎不占质量，通常忽略不计。

（2）超重氢

超重氢是元素氢的一种放射性同位素，元素符号为T或3H。它的原子核由一个质子和两个中子所组成，并带有放射性，会发生β衰变，其半衰期为12.43年。

（3）中子

中子是组成原子核的核子之一，是组成原子核构成化学元素不可缺少的成分，虽然原子的化学性质是由核内的质子数目确定的，但是如果没有中子，由于带正电荷质子间的排斥力，就不可能构成除氢之外的其他元素。

23
人工热核反应

　　人类已经实现了人工热核反应，这就是氢弹爆炸，人类将进一步实现受控热核反应。我们知道，在几千万摄氏度甚至几亿摄氏度的高温下，原子会发生电离，变成电子和原子核，也就是形成等离子体。为了使参与聚变反应的原子核能充分地发生反应，也为了使聚变反应所释放的能量大于加热它们所消耗的能量，就必须把这些等离子体约束在一定的空间内，以获得相当高的密度，同时还要维持足够长的时间，这可不是一件容易的事。

　　用什么材料制成容器才能承受这样的高温呢？有人想到用强大的

🔍 原子弹和氢弹模型

磁场来担负约束这些带电粒子的任务。例如，如果把1亿℃高温的具有一定密度的等离子体约束一秒钟左右，那么热核反应就能在"着火"以后自动地持续进行。

1952年人类开始制造氢弹的同时，世界上一些国家就着手秘密研究受控热核反应了。目前，世界各国已有热核反应试验装置几百台，结构类型几十种，并且正在向大型化的方向发展。中国也已经有了自己的受控热核反应试验装置。

1960年，举世瞩目的激光诞生了，它也给聚变反应研究带来了光明。激光经过聚焦，可以在极短的时间内把一定量的物质加热到几千万摄氏度的高温。

（1）等离子体

等离子体又叫作电浆，是由部分电子被剥夺后的原子及原子被电离后产生的正负电子组成的离子化气体状物质，它广泛存在于宇宙中，常被视为是除固、液、气外，物质存在的第四态。等离子体是一种很好的导电体，利用经过巧妙设计的磁场可以捕捉、移动和加速等离子体。

（2）磁场

磁场是一种看不见而又摸不着的特殊物质，它具有波粒的辐射特性。磁体周围存在磁场，磁体间的相互作用就是以磁场作为媒介的。磁场是电流、运动电荷、磁体或变化电场周围空间存在的一种特殊形态的物质，是由运动电荷或电场的变化而产生的。

（3）激光

激光是指由受激发射的光放大产生的辐射。激光是20世纪以来，继原子能、计算机、半导体之后，人类的又一重大发明，被称为"最快的刀""最准的尺""最亮的光"和"奇异的激光"。它的亮度约为太阳光的100亿倍。

24
控制热核反应

🔎 激光灯

据研究，控制核聚变的方法可分为磁约束核聚变和惯性约束核聚变。磁约束核聚变的研究开始于20世纪40年代，到20世纪60年代已有较大的进展。惯性约束核聚变研究起步于20世纪60年代。国际上比较乐观的估计是，聚变堆在2040年左右可能实现商业化。

目前，许多国家都在积极研究控制核聚变的方法，希望控制热核反应，以便用来发电，或者作为其他能源。从1950年开始，各国先后研究出几种磁束缚手段，如"托卡马克"装置、磁镜、磁箍缩、仿星器等。另一种方法叫惯性束缚法，如激光、电子束、离子束等多种束缚途径。在建成的400多个装置中，"托卡马克"装置是公认的好方法，有人认为利用它可能不久即可实现受控聚变的设想。又有学者认为，激光受控核聚变及电子束、粒子束受控热核反应可能比磁束缚先实现。

美国在1978年宣布用激光控制法取得了重大成功，引起世界的注意。中国的磁约束核聚变研究起步于20世纪50年代，在成都、合肥建立了研究所，开工建设的"中国环流器"一号、二号A，已取得重大进展。

（1）磁约束聚变

磁约束聚变是利用磁场约束等离子体实现的核聚变。我国磁约束聚变研究开始于20世纪五六十年代。中科院物理所最先建造了一个直线放电装置和两个角向箍缩装置。原子能科学研究院建造了磁镜"小龙"装置。

（2）惯性约束聚变

惯性约束聚变是利用物质惯性对燃料靶丸进行压缩、加热、点火并达到充分热核反应，从而获得能量增益的过程。它依靠激光束加热氘氚靶丸，由于粒子的惯性，在尚未严重飞散之前完成适度的热核聚变。

（3）电子束

电子束是指电子经过汇集成束，它具有高能量密度。它是利用电子枪中阴极所产生的电子在阴阳极间的高压（25~300千伏）加速电场作用下被加速至很高的速度（0.3~0.7倍光速），经透镜会聚作用后，形成密集的高速电子流。

25
轻核聚变反应

两个较轻的原子核（例如氢、氘）聚合成一个较重的原子核，同时放出巨大的能量，这种反应叫作轻核聚变反应。这是取得核能的重要途径之一。由于原子核间有很强的静电排斥力，因此在一般条件下，发生聚变反应的概率很小。在太阳等恒星内部，因压力很大，温度极高，轻核才能有足够的动能去克服静电斥力，而发生持续的聚变。因持续核聚变反应必须在极高的压力和温度下进行，所以称为"热核聚

⌕ **蘑菇云模型**

变反应"。这是太阳和其他恒星能量的来源。

氢弹是利用氢的同位素氘、氚原子核的聚变反应，瞬间释放出巨大能量，以达到毁灭效果的核武器（也称聚变弹或热核弹）。氢弹爆炸后，释放能量的过程是不可控制的。为了利用聚变能，人们还在进行"受控热核聚变"的试验研究。目前正在试验的"受控热核聚变反应装置"有两大类：磁约束装置（如"托卡马克"装置）和惯性约束装置（如激光打靶装置）。

（1）静电

静电并不是静止的电，是宏观上暂时停留在某处的电。人在地毯或沙发上立起时，人体电压也可达1万多伏，而橡胶和塑料薄膜行业的静电更是可高达十多万伏。

（2）核武器

核武器是利用核反应的光热辐射、冲击波和感生放射性造成杀伤和破坏作用以及大面积放射性污染，阻止对方军事行动以达到战略目的的大杀伤力武器。核武器主要包括裂变武器（第一代核武器，通常称为原子弹）和聚变武器（亦称为氢弹，分为两级式和三级式）。

（3）托卡马克

托卡马克是一种利用磁约束来实现受控核聚变的环性容器。托卡马克的中央是一个环形的真空室，外面缠绕着线圈。在通电的时候托卡马克的内部会产生巨大的螺旋形磁场，将其中的等离子体加热到很高的温度，以达到核聚变的目的。

26
核　武　器

　　核武器，也称原子武器，是利用核裂变（重原子核变成两个中等质量的原子核，例如铀-235在中子轰击下，裂变成锶和氙，并释放出大量的热能）或核聚变反应（由两个轻而结实的原子核聚合到一起，变成一个比较重的原子核的核反应，例如氘和氚、氦、锂和硼等，可释放出威力巨大的热能），瞬间释放出巨大能量，达到大规模杀伤破

 核弹头

坏效应的武器的总称。

核武器通常由核战斗部、投射工具和指挥控制系统等组成，可用于实战的核武器系统、核战斗部是主要组成部分。核武器系统因运载工具和使用目的不同，种类很多，如弹道核导弹、巡航核导弹、防空核导弹、反潜核导弹、反潜核火箭、深水核炸弹、核航弹、核炮弹、核地雷等。按作战使用的不同，又可分为战略核武器和战术核武器。战略核武器用于袭击敌方的战略要地和防御己方的战略要地，其爆炸当量一般比较大；战术核武器是指在战役中可直接使用的核武器，其爆炸当量一般比较小。核武器的杀伤破坏半径与其威力的立方成正比。核武器的爆炸威力多用TNT炸药威力来衡量，称为TNT当量。

（1）核导弹

核导弹指的是具有携带核弹头的能力并能够达成远距离核弹投送任务的导弹。分为战术核导弹和战略核导弹，具有多种发射方式，战术核导弹可从战舰、潜艇、飞机等平台上发射，战略核导弹的发射方式则有固定发射井、车载、潜射、机载等。

（2）核火箭

核火箭的发动机利用核反应或放射性物质衰变释放出的能量加热工作介质，工作介质通过喷管高速排出，产生推力，使宇宙飞船高速飞行。核火箭的设想最早由美国核科学家乌拉姆提出，他认为可利用核聚变使一颗颗小型原子弹在飞船尾部相继爆炸而产生推力。

（3）核地雷

核地雷是指以核材料为装料的地雷，亦称原子爆破装置，属于战术武器的一种。核地雷是将地雷中的常规装药更换为核装药，这种地雷主要应对地面集群目标，尤其是装甲集群目标。核地雷主要利用核爆炸时构成的地形障碍和放射性污染来阻滞敌军行动，迟滞敌坦克群的开进。

27
从氢弹爆炸说起

🔍 原子弹

1967年6月17日，中国成功地爆炸了第一颗氢弹，这颗氢弹里装的"核炸药"就是氢化锂和氚化锂。1千克氚化锂的爆炸能力相当于5万吨烈性炸药TNT。

氢弹是怎样爆炸的呢？它是靠什么来获得极高的温度呢？氢弹所用的热核材料，通常是氘（D）、氚（T）和锂-6（6Li）。氢弹是靠原子弹来引爆的。一颗小小的原子弹，相当于普通炸弹里的雷管。原子弹首先爆炸产生极高的温度和压力，使氘化锂等化合物中的锂吸收中子而变成氚，并使氘和氚等发生聚变反应，在极短的时间内放出极大的能量，这就构成了常说的氢弹爆炸。

氢弹爆炸的过程不受人们控制，一旦发生爆炸，巨大的热核能量在瞬间就释放干净，无法按照我们的需要来有效地加以利用。那么，能不能像驾驭裂变反应那样，建造一种热核反应堆，来驾驭聚变反应这匹烈马呢？回答是肯定的，关键是要研制出一种和缓的，而不是激烈的反应装置，使热核反应能在一种稳定的、受人控制的速度下进行。

（1）核炸药

核炸药是指含有易裂变核素或可聚变核素，在瞬间集中释放大量能量而发生爆炸的物质。制造核炸药的主要核素有铀235、钚239、氘、氚等。它们用作核炸药时，则必须在极短瞬间（微秒量级以下）集中释放能量，才能实现核爆炸。

（2）雷管

雷管是一种爆破工程的主要起爆材料，它的作用是产生起爆能来引爆各种炸药及导爆索、传爆管。雷管分为火雷管和电雷管两种。煤矿井下开采均采用电雷管。电雷管分为瞬发电雷管和延期电雷管。而延期电雷管又分为秒延期电雷管和毫秒延期电雷管。

（3）热核反应堆

热核反应堆是利用核聚变技术获得能源的核反应堆。专家估计，1千克核聚变燃料相当于1000万千克的石油燃料。核聚变不产生核裂变所出现的长期和高水平的核辐射，不产生核废料，也不产生温室气体，基本不污染环境。因此，核聚变被认为是未来解决世界能源和环境问题最重要的途径之一。

28
氢　弹

氢弹是利用氢的同位素氘、氚等轻原子核的聚变反应，瞬时释放出巨大能量而实现爆炸的核武器，也称聚变弹或热核弹。氢弹的杀伤破坏因素与原子弹相同，但威力比原子弹大得多。原子弹的威力通常为几百至几万吨TNT当量，氢弹的威力则可达到几千万吨TNT当量。还可通过设计增强或减弱其某些破坏因素，氢弹的战术技术性能比原子弹更好。

氢弹的基本原理是：在氘、氚原子核之间发生的聚变反应，主要是氘氚反应和氘氘反应。当热核燃烧的温度为几百万到几亿摄氏度时，氘氚反应的速率约比氘氘反应快100倍，因此氘氚混合物比纯氘的燃烧性能更好。有一种实用的热核装料是固态氘

第一枚机载氢弹模型

化锂-6,利用聚变引爆装置产生的中子轰击锂-6产生氚,然后发生氘氚热核反应,释放巨大的能量。在氢弹中,烧掉1千克氘化锂-6,释放的能量可达4万~5万吨TNT当量。

热核反应的先决条件是高温、高压,但要使热核装料燃烧充分,还必须使燃烧区的高温维持足够长的时间。为此就需要创造一种自持燃烧的条件,使燃烧区中能量释放的速率大于能量损失的速率。这种条件除与热核装置的性质、装量、密度、几何形状有关外,还与燃烧温度和系统的结构密切相关。氢弹中热核反应所必需的高温高压等条件,是用原子弹爆炸来提供的,因此氢弹里装有一个专门设计用于引爆的原子弹,通常称之为"扳机"。

(1)TNT当量

TNT当量是计算爆炸威力的一种标准,一般用于描述核弹威力。TNT炸药的数量又被作为能量单位,每千克可产生420万焦耳的能量,即1吨TNT相当于产生4.2千兆焦耳的能量。

(2)燃烧充分

燃烧充分就是在助燃剂充分存在的条件下进行的燃烧反应,这时燃烧物一般都达到最大氧化值。如碳的充分燃烧时得到二氧化碳,不充分燃烧时得到一氧化碳。

(3)扳机

扳机是组成枪械的零件,射击时用手扳动它使枪弹射出。扣压扳机,通过机械传动来释放阻铁,以使撞针或击锤击发弹药。扳机在这里指的是一种引爆装置。

29
氢弹用的热核装料

氢弹用的热核装料就是热核材料，包括氘（D）、氚（T）和锂-6。氘（D）广泛的以重水（D_2O）的形式存在于天然水中。氚则是人工制备的放射性核素。氕、氘、氚是同一家族（氢的同位素）。锂的同位素有两种，即锂-6和锂-7，天然锂中锂-6占7.5%，锂-7占92.5%。在自然界中锂的分布比较广，主要赋存在锂辉石和锂云母中。

氘、氚在常温下呈气体状态，不易储存和使用。锂的化学性质活

🔍锂云母

泼，因此在使用时，要做成较稳定的化合物。如氘化锂-6，氚化锂-6等。

重水的生产有三种方法，即化学交换法、蒸馏法和电解法。重水可直接用在重水核反应堆中作慢化剂和冷却剂，也可以进一步电解，把氘与氧分离，与锂-6化合成氘化锂-6，作为热核武器的装料。

锂同位素分离有多种方法，如化学交换法、离子交换法、电迁移法、热扩散法等，而具有实际生产意义的目前只有化学交换法。

生产氚的方法也很多，核反应堆辐照产氚目前应用较广，主要过程是：锂-6靶件制造、堆内辐照、熔融提取、杂质净化和同位素分离等。利用加速器也可生产氚。氚与锂-6经过化合工序，制成氚化锂-6，作为热核武器的装料。

（1）锂辉石
锂辉石晶体常呈柱状，粒状或板状。颜色呈灰白、灰绿、紫色或黄色等，硬度6.5~7，密度3.03~3.22克/立方厘米。作为锂化学制品原料，广泛应用于锂化工、玻璃、陶瓷行业，享有"工业味精"的美誉。

（2）锂云母
锂云母是最常见的锂矿物，是提炼锂的重要矿物。它是钾和锂的基性铝硅酸盐，属云母类矿物中的一种。锂云母一般只产在花岗伟晶岩中，颜色为紫色和粉色，并可浅至无色，具有珍珠光泽，呈短柱体、小薄片集合体或大板状晶体。

（3）蒸馏
蒸馏是一种热力学的分离工艺，它利用混合液体或液—固体系中各组分沸点不同，使低沸点组分蒸发，再冷凝以分离整个组分的单元操作过程，是蒸发和冷凝两种单元操作的联合。与其他的分离手段如萃取等相比，它的优点在于不需使用系统组分以外的其他溶剂，从而保证不会引入新的杂质。

30
中国第一颗氢弹试验成功

🔍氢弹

　　1967年6月17日，中国第一颗氢弹试验成功。这次试验在政治上具有重大意义，在军事上标志着中国核武器发展进入了一个新的阶段，在国际上引起了巨大反响。国际舆论认为："这是中国核武器发展进程中的一个质的飞跃"。中国氢弹制造一开始就选准独特的技术路线，中国被公认已进入世界核先进国家的行列。

各国第一次原子弹试验和第一次氢弹试验时间

国家	第一次原子弹试验	第一次氢弹试验	备注
美国	1945年7月16日	1952年10月31日	从第一次原子弹试验到第一次氢弹试验，经过7年零3个月
前苏联	1949年8月29日	1953年8月12日	从第一次原子弹试验到第一次氢弹试验，经过4年
英国	1952年10月3日	1957年5月15日	从第一次原子弹试验到第一次氢弹试验，经过4年半
法国	1960年2月13日	1968年8月24日	从第一次原子弹试验到第一次氢弹试验，经过8年半
中国	1964年10月16日	1967年6月17日	从第一次原子弹试验到第一次氢弹试验，经过2年零8个月

（1）预言

　　预言是对未来将发生的事情的预报或者断言。一般来说预言指的不是通过科学规律对未来所作的计算而得出的结论，而是指某人通过非凡的能力出于灵感获得的预报。

（2）政治

　　政治是上层建筑领域中各种权力主体维护自身利益的特定行为以及由此结成的特定关系。政治对社会生活各个方面都有重大影响和作用。它是人类历史发展到一定时期产生的一种重要社会现象。这一社会现象很复杂，一般来说，这个词多用来指政府、政党等治理国家的行为。

（3）国际舆论

　　国际舆论就是指民族、国家在国际公共空间对共同感兴趣的问题所形成的态度和意见的总和。一般表现为一种外交压力。国际舆论对于每个民族、国家而言，既可以作为一种推动力量，也可以作为一种反对力量。

31
潜艇核动力装置

核潜艇作为游动在海洋的核打击基地，以其性能好、隐藏性强、续航能力和攻防能力超常以及强大的生命力，成为世界核大国战略威慑力量的主要组成部分。20世纪50年代以来，许多国家从未间断核动力技术的开发研究，不断对核潜艇进行改型换代，尤其致力于开发和研制在现代高科技条件下适应作战需要的新型核动力装置。

潜艇核动力装置追求的主要性能是降低噪声，降低装置的尺寸和重量，提高反应堆功率，提高装置的自然循环能力，延长堆芯工作寿命及提高自动化水平等。

核潜艇与普通潜艇相比较，有许多独特之处。例如：

续航能力大。即潜艇装一次燃料能够持续航行时间长、距离远。普通潜艇以10节（每小时航行1海里为1节）的速度航行，只能航行1万

🔍 核潜艇

海里，而核潜艇若全速（30节）潜航，续航力可达75 000海里，占总航程的95%以上。

航速高。普通潜艇的水下航速最大为15~20节，核潜艇的水下航速可达30节以上。

隐蔽性能好。核潜艇在水下停留时间长，航速又快，可以经常改变位置，不易被敌方发现和摧毁。

体积小，重量轻。潜艇的核动力装置只占体积的1/2，占总重量的1/3。

高度的灵活性。可随时启动、停止，并可在短时间内大幅度地改变功率。

耐冲击，耐振动，抗摇摆。核潜艇可在横倾、纵倾40°~50°的情况下正常工作，保证安全可靠。

（1）续航能力

续航能力是指船舶、飞机等连续航行的能力。现在，也用来比喻各类数码产品的电池最长待机时间。同一船体或飞行器在不同速度下其续航力却有很大差异。

（2）威慑力量

威慑力量指能实施大规模毁灭性打击的武器和军事力量，包括核武器、远程导弹、战略轰炸机以及进行战略攻击的军队。

（3）噪声

从环境保护的角度看，凡是影响人们正常学习、工作和休息的声音，凡是在某些场合"不需要的声音"，都统称为噪声。如机器的轰鸣声，各种交通工具的马达声、鸣笛声等。

32
“环保汽车”已变成现实

⚲充电汽车

在十多年前的科幻作品中，科幻作家设想了21世纪将出现一种液化气燃料汽车，称为"环保汽车"。书中有这样一段描述：

"这里是低温燃料加油站，欢迎光临！你只需把车子开进来，将信用卡插进自动柜员机，触按屏幕，输入号码，耐心等待片刻，地面上会突然冒出一只机械手，它打开你的油箱，加油管便开始将−253℃的液化氢汩汩注入，三分钟后，机械手将油箱盖好，倏忽消失。"

科幻作家笔下的这种"环保汽车"已经出现在科学家的试验中了，而且即将进入商业应用阶段。

以氢气代替汽油作为汽车发动机的燃料，已经过日本、美国、德国等许多汽车公司的试验，技术是可行的，目前的主要问题是氢燃料太昂贵。氢燃烧产生的热量比汽油燃烧的热量高出2.8倍。氢气燃烧不仅热值高，而且火焰传播速度快，点火能量低（容易点着），所以氢能汽车可以比汽油汽车的总燃料利用效率高20%。氢燃烧的主要生成物是水和极少的氮氧化物，不像汽油燃烧时会产生一氧化碳、二氧化碳、二氧化硫、氮氧化合物、碳氢化合物、颗粒粉尘等污染物质。可以说，氢能汽车是最理想的清洁交通工具。

（1）环保汽车

环保汽车是利用科学技术，设计符合自然规律，合理地利用自然资源，消耗最少能源并且防止对环境产生污染和破坏的汽车。环保汽车的动力源主要有电动、天然气、混合动力和生物燃料（乙醇）等，主要特点是污染小甚至无污染。

（2）信用卡

信用卡是一种非现金交易付款的方式，是简单的信贷服务。信用卡由银行或信用卡公司依照用户的信用度与财力发给持卡人，持卡人持信用卡消费时无须支付现金，待结账日时再行还款。

（3）粉尘

粉尘是指悬浮在空气中的固体微粒。国际标准化组织规定，粒径小于75微米的固体悬浮物定义为粉尘。在大气中粉尘的存在是保持地球温度的主要原因之一，大气中过多或过少的粉尘将对环境产生灾难性的影响。但在生活和工作中，生产性粉尘是人类健康的天敌，是诱发多种疾病的主要原因。

33
氢能汽车

    目前有两种氢能汽车，一种是全烧氢汽车，另一种是氢气与汽油混烧的掺氢汽车。掺氢汽车的发动机只要稍加改动或不改动，即可提高燃料利用率和减轻尾气污染。使用掺氢5%左右的汽车，平均热效率可提高15%，节约汽油30%左右。因此，近来多使用掺氢汽车，待氢气可以大量供应后，再推广全燃氢汽车。

    目前，德国奔驰汽车公司已陆续推出各种燃氢汽车，其中有面包

🔍 汽车尾气

车、公共汽车、邮政车和小轿车。以燃氢面包车为例，使用200千克钛铁合金氢化物为燃料，代替65升汽油箱，可连续行车130多千米。德国奔驰公司制造的掺氢汽车在高速公路上行驶速度很快，车上使用的储氢箱也是钛铁合金氢化物。

可以看出，目前氢能汽车是用金属氢化物作为储氢材料，释放氢气所需的热可由发动机冷却水和尾气余热提供。

掺氢汽车可以在稀薄的贫油区工作，它能改善整个发动机的燃烧状况。在许多交通拥挤的城市里，汽车发动机大多处于部分负荷下运行，采用掺氢汽车尤为有利。特别是有些工业余氢（如合成氨生产）未能回收利用，若作为掺氢燃料，其经济效益和环境效益都会显著提高。

（1）汽车尾气污染

汽车尾气污染是由汽车排放的废气造成的环境污染，主要污染物为碳氢化合物、氮氧化合物、一氧化碳、二氧化硫及固体颗粒物等，能引起光化学烟雾等。随着汽车数量越来越多、使用范围越来越广，汽车尾气对世界环境的负面效应也越来越大，尤其是危害城市环境，可引发呼吸系统疾病等。

（2）德国奔驰

德国奔驰是世界知名的德国汽车品牌，创立于1900年，总部设在斯图加特，创建人为卡尔·本茨和戈特利布·戴姆勒。梅赛德斯—奔驰以高质量、高性能的汽车产品闻名于世，除了高档豪华轿车外，奔驰公司还是世界上最著名的大客车和重型载重汽车的生产厂家。

（3）钛铁合金

钛铁合金是指钛与铁的中间合金，用作钢铁的纯化剂。高碳钛铁含17％钛、7％碳，余量铁用于净化钢的钢水包添加剂。低碳钛铁合金含钛20％~25％、碳0.1％、硅4％、铅3.5％，其余为铁，用作还原剂，均采用钛铁矿在电炉中炼制。

34
氢燃料电池

更新颖的氢能应用是氢燃料电池。这是利用氢和氧（或空气）直接经过电化学反应而产生电能的装置，也可以说是水电解槽产生氢和氧的逆反应。20世纪70年代以来，日本、美国等国加紧研究各种燃料电池，现已进入商业性开发阶段。日本已建立万千瓦级燃料电池发电

🔎 燃料电池公共汽车

站，美国有30多家厂商在开发燃料电池，德国、英国、法国、荷兰、丹麦、意大利和奥地利等国也有20多家公司投入了燃料电池的研究，这种新型的发电方式已引起全世界的关注。

目前，世界各国研究氢能的机构正致力于研究廉价制取和储存氢气的技术，以期在2020年普及用氢发电的技术。专家们预测，到2025年，用氢发电的能力将达到世界总电力的20%。另外，氢和氧还可直接改变常规火力发电机组的运行状况，提高电站的发电能力，例如氢氧燃烧组成磁流体发电，还可以利用液氢冷却发电装置，从而提高机组功率。

（1）电化学反应

电化学反应是指带电界面上所发生的现象。电化学涵盖了电子（以电子的得失为主）、离子和量子的流动现象的所有领域，它横跨了理学和工学两大方面，包括了光化学、磁学、电子学等学科。

（2）电解槽

电解槽由槽体、阳极和阴极组成，多数用隔膜将阳极室和阴极室隔开。按电解液的不同分为水溶液电解槽、熔融盐电解槽和非水溶液电解槽三类。当直流电通过电解槽时，在阳极与溶液界面处发生氧化反应，在阴极与溶液界面处发生还原反应，以制取所需产品。

（3）燃料电池

燃料电池是一种将存在于燃料与氧化剂中的化学能直接转化为电能的发电装置。燃料和空气分别送进燃料电池，电就被奇妙地生产出来。它从外表上看有正负极和电解质等，像一个蓄电池，但实质上它不能"储电"，而是一个"发电厂"。

35
氢能进入百姓家

现今，世界上所有研究氢能的机构都在努力研究降低制取氢气的成本和解决氢气储存的新技术，期望在不久的将来能够普及氢的使用，普及用氢气发电的技术。

随着制氢技术的发展以及化石能源的越来越少，氢能利用很快将进入寻常百姓家庭。首先是发达的大城市，它可以像输送城市煤气一样，用氢气管道送往千家万户。目前，有些国家已经建成了这种输氢管道。德国也建了一条长300千米的送氢管道，美国也有几条长度相近的管道。

氢的物理特性同煤气还是

液化气罐

有区别的，所以远距离地下送氢管道质量要求高，投资大，中途加压站数量也比较多，压力机的功率和压力也高。压力机的电动机要装防护铁甲，防止发生火灾和引起事故。这些比较都是按输送等量的煤气和氢而言，即使这样，氢的输送也比电的输送便宜得多，是电输送价格的1/3~1/2。

每个用户可采用金属氢化物储罐将氢气储存，然后分别接通厨房灶具、浴室、氢气冰箱、空调机等，并且在车库内与汽车充气设备连接。人们的生活靠一条氢能管道代替煤气、暖气甚至电力管线，连汽车的加油站也省掉了。这样清洁方便的氢能系统，将给人们创造舒适的生活环境，减轻许多繁杂事务。

（1）化石能源

化石能源是一种碳氢化合物或其衍生物。它由古代生物的化石沉积而来，是一次能源。化石燃料不完全燃烧后，都会散发出有毒的气体。化石能源所包含的天然资源有煤炭、石油和天然气。

（2）煤气

煤气是以煤为原料加工制得的含有可燃组分的气体。根据加工方法、煤气性质和用途分为煤气化得到的水煤气、半水煤气、空气煤气（或称发生炉煤气），这些煤气的发热值较低，故又统称为低热值煤气；煤干馏法中焦化得到的气体焦炉煤气、高炉煤气，属于中热值煤气，可供城市作民用燃料。

（3）压力机

压力机是一种能使滑块作往复运动，并按所需方向给模具施加一定压力的机器。压力机由四部分组成：上压式四立柱油压机、组合控制机柜、电加热系统和保温装置、模具输送台架。上述组成采用一体化设计，使之造型大方、美观，结构紧凑，操作简单可靠，维护方便。

36
太阳—氢方案

🔍 输气管道

科学家设想，在不久的将来会建造一些为电解水制取氢气的专用核电站，比如建一些人造海岛，把核电站建在人造海岛上，电解用水和冷却用水举手可取，又远离居民区，既经济又安全。制取的氢和氧，用铺设在水下的送气管道输往陆地，再用储存天然气的方法，在陆地挖一些专用的地下储气库，把氢气存在里面，使用时只要通过类似煤气管道那样的管道送达用户地点即可，而且其管理也很方便。

科学家们认为，未来的氢能将是最有前途的洁净能源。只要先经过太阳能发电，发出的电能便可以通过电解水得到氢，再将氢进行液化，以后就可以运输到使用地点，这就是所谓的太阳—氢方案。目前，美国已在本国的新墨西哥州，德国在撒哈拉地区和沙特阿拉伯地区，日本在公海海面筹划实施这项方案。

利用太阳能制氢，是以太阳能为一次能源，然后从中取得氢。由于氢无污染，使用过程中放出能量后本身又变成水，所以是一种取之不尽、用之不竭、产生良性循环的理想能源。

（1）海岛

1982年《联合国海洋法公约》第121条明确规定："海岛是四面环水并在高潮时高于水面的自然形成的陆地区域"。根据不同属性，海岛可分为大陆岛、列岛、群岛、陆连岛、特大岛等。中国有500平方米以上的海岛6500多个，总面积6600多平方千米。

（2）新墨西哥州

新墨西哥州是美国西南部四州之一。北接科罗拉多州，西界亚利桑那州，东北邻俄克拉何马州，东部和南部与得克萨斯州毗连，西南与墨西哥的奇瓦瓦州接壤。新墨西哥州景致迷人，有红岩峭壁、沙漠、仙人掌等。

（3）公海

公海在国际法上指不包括国家领海或内水的全部海域。1982年《联合国海洋法公约》规定公海是不包括在国家的专属经济区、领海或内水或群岛国的群岛水域以内的全部海域。公海供所有国家平等地共同使用。

37
氢的美好前景

氢能作为一种燃料，必将逐渐弥补矿物燃料的逐步枯竭。根据世界各国目前使用氢能的统计，氢已达到全部能源供应的5%。如果利用太阳能或核反应堆废热裂解水制造氢得到广泛使用，有可能使氢和核能向多功能方向发展。

氢除了用作能源外，将来还可以用氢来合成食品。某些微生物可利用氢的自由能将二氧化碳有效地转换成蛋白质、维生素、糖。其能量转换率高达50%。

不久的将来，家里照明用的灯是特制的，当灯里的磷化物与氢发生反应时，它就发出

🔍 输电线路

光来。

烧饭用的气灶，以氢与煤气的混合物为燃料。安置在屋内的氢—空气燃料电池，提供必不可少的电力，用来向电话机、收音机、电视机等供电。房间采暖的方式也很奇特，散热板是一种特制的多孔的板，饱饱地吸满了催化剂。当氢气从板上流过，受催化剂的作用而被氧化时，就把板加热了，氢就成了室内采暖的热源。

为什么氢能显得比电能还好呢？这是从经济学方面考虑的。因为用户使用氢能比使用电能更划算。我们知道，远距离输送电时，电能损耗达20%，当距离超过500~600千米时，用管道输送氢气的费用只相当于用高压线路送电费用的1/10。

（1）矿物燃料

矿物燃料就是能够燃烧的地下矿产资源。矿物燃料主要是由地质历史时期的某个时候，地球上极为丰富的动物或植物由于自然灾害或者其他原因大量死亡，并被埋在地下，堆积起来，经过长期的地质作用和化学作用而形成的。

（2）维生素

维生素又名维他命，通俗来讲，即维持生命的物质，是维持人体生命活动必须的一类有机物质，也是保持人体健康的重要活性物质，在人体生长、代谢、发育过程中发挥着重要的作用。维生素一般从食物中获得。现在发现的有几十种，如维生素A、维生素B、维生素C等。

（3）磷化物

磷化物通常指金属或非金属与磷组成的二元化合物。金属磷化物，如磷化钙、磷化锌、磷化铝、磷化铜等。有的金属磷化物（如磷化钙）遇水完全水解生成金属氢氧化物和磷化氢；有的金属磷化物（如磷化锌）与水不反应，但与酸反应。非金属磷化物常温下不与水和酸作用。

38
金属氢的能量

随着科学技术的发展，对氢的研究也在不断深入。氢在通常情况下是一种气体；在低温下可以成为液体；在温度降到-259℃时，即成为固体；而在极高压力下可成为金属。虽然这种金属氢目前在地球上还是不存在的一种物质，但从理论上讲，人工制造金属氢是可能的。这已成为一项专门的科学技术课题，如果金属氢能够理想地实现，则将为寻找新能源和室温超导材料开辟宽广的前景。

金属氢作为新式能源来说意义重大。它的应用可以使聚变能转换成电能，供应大量

🔍 **火箭模型**

价廉而无污染的电力。因为火箭现在用液氢为燃料，所以必须把火箭制造得像个很大的热水瓶似的，以便确保液氢所需的低温，如果用了金属氢，火箭就可以制造得更小一些，因为金属氢的容积只有液氢的1/7。金属氢如果用作超音速飞机的燃料，可以增大有效运输量，增大时速甚至超过音速的许多倍，增加续航时间和航程。

金属氢内所贮藏的能量极高，比TNT炸药大30~40倍。金属氢在聚变中可放出巨大的能量，比重核分裂反应时放出的"能量"要多好几倍，是制造氢弹的最好原料。

（1）火箭

火箭是以热气流高速向后喷出，利用产生的反作用力向前运动的喷气推进装置。它自身携带燃烧剂与氧化剂，不依赖空气中的氧助燃，既可在大气中飞行，又可在外层空间飞行。

（2）超音速飞机

超音速飞机是指飞机速度能超过音速的飞机。1947年10月14日，空军上尉查尔斯·耶格驾驶X-1在12 800米的高空飞行，速度达到1078千米/小时，这是人类首次突破音障。

（3）航程

航程是指飞机在平静的大气中沿预定的航线飞行，并耗尽其可用燃料所能飞过的水平距离，单位是千米。航程包括爬升、巡航和下滑三个飞行阶段所飞过的距离的和。飞机按其航程长短，可分为远程飞机、中程飞机和短程飞机。

39
热核聚变反应堆的希望

地球上除实验室外，并不存在自然的核聚变条件，因为核聚变反应需要特别高的温度和压力，条件是十分苛刻的。我们知道，太阳上的核聚变是在极高温度和压力下形成的，太阳的光和热都来自于太阳的核聚变。

人类进入20世纪90年代以后，在受控热核聚变研究中，取得了突破性的进展。1991年11月9日，欧洲联合杯JET装置，第一次成功实现了受控热核聚变。1993年，美国TFTR装置也进行了氘、氚受控热核聚变实验。JET上获得的聚变功率输出为16.1兆瓦，输出能量

核反应堆模型

为21.7焦耳。同时，日本托卡马克JT-60上获得了等效输入加热功率，与输出核聚变功率之比已高达1.25，并且其等离子体参数已达到或超过受控热核聚变的条件，如峰值离子温度为4.5亿℃（要求为1亿℃）。据此，受控热核聚变条件的科学可行性得到了证实，具备了开展工程试验研究的科学技术基础。核科学家们认为，如果由国际原子能机构组织的国际合作科研工程如ITER（国际受控热核实验反应堆）大型装置的资金问题得到解决，可以乐观地估计，到21世纪50年代，第一座用于发电的商用热核聚变反应堆将开始运转。

（1）兆瓦

兆瓦是一种表示功率的单位，常用来指发电机组在额定情况下每小时能发出来的电量。1兆瓦=1000千瓦=0.01亿瓦。1兆瓦的用电器，在其额定电压下，1小时消耗1000千瓦时的电能。

（2）国际原子能机构

国际原子能机构是一个同联合国建立关系，并由世界各国政府在原子能领域进行科学技术合作的机构。总部设在奥地利的维也纳，组织机构包括大会、理事会和秘书处。

（3）国际受控热核实验反应堆

国际受控热核实验反应堆（ITER）计划是目前全球规模最大、影响最深远的国际科研合作项目之一，建造约需10年，耗资50亿美元（1998年值）。ITER装置是一个能产生大规模核聚变反应的超导托卡马克，俗称"人造太阳"。

40
未来的新能源——锂

锂是什么元素？它为什么会成为未来的新能源？

锂在元素周期表上分布在左上角，第二周期，原子序数为3。锂发现于1817年，应用于20世纪50年代。锂有两个同位素，名叫锂-6和锂-7。它可用于受控热核聚变发电站，熔融的锂将作为一种冷却液用于聚变反应堆堆芯、裂变反应堆堆芯；还可作为氚的一个来源，氚是重要的聚变元素。因为锂-6和锂-7在能量大的中子轰击下，容易裂变

○ 原煤

成氚和氦。氘化锂-6及氢化锂-6就是产生氘、氚热核聚变反应的固体原料。氘化锂-6就是氢弹爆炸的炸药。1千克氘化锂-6的爆炸力，相当于5万吨烈性炸药。

从世界上一些使用锂作能源的情况看，1千克锂具有的能量大致相当于4000吨原煤的热量，每年生产70亿度电仅需消耗1.6吨重水（322千克氘）和8.5吨天然锂（或676千克锂-6）。这样看来，锂的消耗量很小，所以总成本很低，还不到总成本的10%，它的能量却比铀-235裂变生产的能量高好多倍。

调查表明，海水中的锂资源是十分丰富的，在全世界的海洋中估计共有2600亿吨锂，可够人类使用数百亿年。

（1）原子序数

在元素周期表中，按元素的核电荷数对元素进行编号所得的序号就是原子序数，所以原子序数等于元素的核电荷数或原子核的核内质子数。

（2）反应堆

反应堆指用铀（或钚）作核燃料产生可控的核裂变链式反应并释放能量的装置。核反应堆要依人的意愿决定工作状态，这就要有控制设施；铀及裂变产物都有强放射性，会对人造成伤害，因此必须有可靠的防护措施。

（3）原煤

原煤是指从地上或地下采掘出的毛煤经筛选加工去掉矸石、黄铁矿等后的煤，包括天然焦及劣质煤，不包括低热值煤等。按其炭化程度可划分为泥煤、褐煤、烟煤、无烟煤。原煤主要作动力用，也有一部分作工业原料和民用原料。

41
走进锂元素

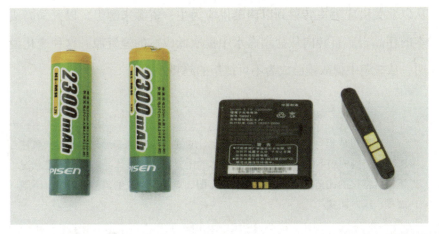

🔍锂电池

　　锂发现于1817年，距今已有近200年的历史，目前锂已成为现代技术和军事工业中具有十分重要意义的金属之一。

　　锂具有许多特性。锂的比重小，比水轻一半。熔点低，沸点高，是液态范围最大的一种金属。因其熔点低（为179℃），一般把它列入液态金属。其导热性和热容量都是液态金属中最大的。锂很软，韧性大，可用小刀切割，易于拉伸成丝，具有可塑性，可压延成片。锂的化学活性很强，在常温下锂能与空气中的氧和氮迅速化合，在表面生成黑色的覆盖层，所以金属锂要在液态石蜡或汽油中保存。

锂除了提取同位素Li-6用于制造氢弹、航天航空、红外线、激光技术、军事用光学仪器外，在民用领域也有广泛的用途，如炼铝工业是锂民用最大的用户；此外，还用于玻璃、陶瓷、高级润滑脂、高级电池、机械制造等。

锂资源主要赋存于盐湖和花岗伟晶岩型矿床中，其中盐湖卤水中的锂占世界锂储量和储量基础的66%和80%以上，随着南美两大盐湖矿床的投产，世界传统锂资源的供求形式发生了重大变化。地域上，从以北美供应为主转移到以南美供应为主；资源来源上，以开采高成本的伟晶岩矿石转向从盐湖卤水中提取低成本的锂资源。这种变化说明，从盐湖中提取锂已成为不可抗拒的趋势。

（1）比重

比重也称相对密度，固体和液体的比重是该物质的密度与在标准大气压3.98℃时纯H_2O下的密度的比值。气体的比重是指该气体的密度与标准状况下空气密度的比值。比重是无量纲量，即比重是无单位的值，一般情形下随温度、压力而变。

（2）熔点

熔点，即在一定压力下，纯物质的固态和液态呈平衡时的温度，也就是说在该压力和熔点温度下，纯物质呈固态的化学势和呈液态的化学势相等。

（3）润滑脂

润滑脂是指稠厚的油脂状半固体。用于机械的摩擦部分，起润滑和密封作用，也用于金属表面，起填充空隙和防锈作用，主要由矿物油（或合成润滑油）和稠化剂调制而成。

42
锂的特性

🔍 **盐湖盐花**

锂的特性有如下几个方面：

锂的比重是0.634，是最轻的金属，也是常温常压下能呈固态存在的最轻的元素。锂既能形成离子键，又能形成共价键，资源能用于聚乙烯的合成、合成橡胶及合金中。

电化势高，这是锂在电池中作阴极和电解质组分的基本素质。

熔融态锂密度低、沸点高、比热高、热传导系数高，这是其在反应堆中用作冷却液的素质。其熔点是180.54℃，沸点为1347℃。

用中子照射锂得到氚和氦。锂–6反应放热，而锂–7反应吸热并辐射出一个慢中子；氚核和氘核化合生成高温等离子体；由于氚是一种半衰期只有12.3年的不稳定同位素，因此要用锂来使氚继续增殖。

锂同位素分离有多种方法，如化学交换法、离子交换法、电迁移法、热扩散法等，具有实际生产意义的目前只有化学交换法。

氚与锂-6经过化合工序，制成氚化锂-6，可作为热核武器的装料。

由此可见，锂的确是一种优秀的能源元素。地质科学工作者发现，世界上锂的矿山储量估计为240万吨，海水中的锂含量丰富，每吨海水中含有0.17克锂。中国西藏的不少盐湖中蕴藏着丰富的锂资源，据初步估算，其潜在储量居世界前列。人们十分重视锂的开发和利用，让这"姗姗来迟"的"金属新贵"，发挥出自身的热量。

（1）离子键

离子键指阴离子、阳离子间通过静电作用形成的化学键。带相反电荷的离子之间存在静电作用，当两个带相反电荷的离子靠近时，表现为相互吸引，而电子和电子、原子核与原子核之间又存在着静电排斥作用，当静电吸引与静电排斥作用达到平衡时，便形成离子键。

（2）共价键

共价键是化学键的一种，两个或多个原子共同使用它们的外层电子，在理想情况下达到电子饱和的状态，由此组成比较稳定的化学结构叫做共价键。

（3）盐湖

盐湖是咸水湖的一种，是干旱地区含盐度（以氯化物为主）很高的湖泊。淡水湖的矿化度小于1克/升，咸水湖矿化度为1~35克/升，矿化度大于35克/升的则是盐湖。盐湖是湖泊发展到老年期的产物，它富集多种盐类，是重要的矿产资源。

43

锂是一种能源元素

　　锂发现于1817年，但应用却很晚，直到20世纪50年代前后才少量用于玻璃、陶瓷及合金的制造中。20世纪50年代，由于发现生产热核武器需用锂的轻同位素锂–6，美国就开始大量购买和储备锂，从而促进了锂工业的发展。到了1960年，由于美国锂储备超出计划5倍，不再继续购买锂，锂工业也随之萧条下来。到20世纪70年代早期，锂工业又开始恢

🔍 纽扣电池

复生气，因为人们发现，把碳酸锂加到铝电解槽中，可以节电10%，增产铝10%，并能使对环境有害的氟的挥发量减少25%~50%。从那时起，锂在铝工业中的用量不断增加，从20世纪70年代后半期起，铝工业已成为锂的最主要用途。

锂还有两个可贵的用途：第一是用于大规模储存电能的高能质比电池和再生电池，这种电池有可能成为航空器的动力来源。第二是用于受控热核聚变发电站，熔融的锂将作为一种冷却液用于裂变反应堆堆芯和聚变反应堆堆芯；还作为氚的一个来源，后者是重要的聚变元素之一。这两种用途已经研究成功，已于20世纪90年代投入商业性生产。

（1）陶瓷

陶瓷是陶器和瓷器的总称。中国人早在公元前8000—公元前2000年（新石器时代）就发明了陶器。陶瓷材料大多是氧化物、氮化物、硼化物和碳化物等。常见的陶瓷材料有黏土、氧化铝、高岭土等。陶瓷材料一般硬度较高，但可塑性较差。

（2）氟

氟气体元素，符号F，原子序数9，是卤族元素之一，属周期系ⅦA族元素。淡黄色，有毒，腐蚀性很强，化学性质很活泼，可以和部分惰性气体在一定条件下反应，是制造特种塑料、橡胶和冷冻机（氟氯烷）的原料。由其制得的氢氟酸（HF）是一种唯一能够与玻璃反应的无机酸。

（3）高能质比电池

高能质比电池是具有较高比能量的电池，具有比较耐用和供电量高的特点。电池比能量，在电池反应中，1千克反应物质所产生的电能称为电池的理论比能量。

44
锂是聚变能材料

🔍 氢弹模型

　　核聚变能是未来最理想的新能源，是当代能源研究中的重大科研课题。估计通过10~20年，这项研究即可走出实验室达到应用阶段，它将为人类提供电力。

　　核聚变能的原材料是锂。天然锂中含有两个同位素，一个为锂–6，另一个为锂–7，它们都容易被能量大的中子轰击而产生"裂变"，同时产生另一物质氚。氚化锂–6及氘化锂–6就是产生氘—氚热核聚变反应的固体原料。这种热核反应以瞬间爆炸出现，释放出巨大的能量，这就是大家所熟知的氢弹爆炸。氘化锂-6就是氢弹爆炸的炸药。1千克氘化锂的爆炸力相当于5万吨TNT。

这种热核聚变的巨大能量能否加以人工控制释放出来为人类造福呢？近20年来，经世界各国科学家深入研究，已取得初步成果，受控热核反应堆的出现，就是一例。这种反应堆是以氘和锂作为燃料，将金属锂或锂的化合物放在聚变反应堆芯的周围，由堆芯聚变反应产生强中子流，撞击锂-7原子，产生一个氘、氦-4和中子，这个中子再与锂-6进行核反应，产生一个氘和氦-4，并放出巨大的能量，经热交换产生电力，而氘重新注入堆芯。就这样循环往复，产生巨大的电流。而在此反应过程中放出的惰性气体氦，对环境又没有污染。

（1）聚变能

聚变能是模仿太阳的原理，使两个较轻的原子核结合成一个较重的原子核并释放能量。1952年世界第一颗氢弹爆炸之后，人类制造聚变反应成为现实，但那只是不可控制的瞬间爆炸。聚变能试验装置实际上就是在磁容器中对氢的同位素氘和氚所发生的聚变反应进行控制。

（2）原材料

原材料指投入生产过程以制造新产品的物质，包括原料和材料。举例来讲，林业生产的原木属于原料，将原木加工为木板，就变成了材料。但实际生活和生产中对原料和材料的划分不一定清晰，所以一般用原材料一词来统称。

（3）惰性气体

惰性气体指氦、氖、氩、氪、氙、氡以及不久前发现的Uuo7种元素，又因为它们在元素周期表上位于最右侧的零族，因此亦称零族元素。稀有气体单质都是由单个原子构成的分子组成的，所以其固态时都是分子晶体。

45

锂电池和聚变能

锂电池是20世纪三四十年代才研制开发的优质能源，它以开路电压高、比能量高、工作温度范围宽、放电平衡、自放电子等优点，已被广泛应用于各种领域，是很有前途的动力电池。用锂电池发电来开动汽车，行车费只有普通汽油发动机车的1/3。由锂制取氚，用来发动原子电池组，中间不需要充电，可连续工作20年。目前，要解决汽车的用油危机和排气污染，重要途径之一就是发展向锂电池这样的新型电池。

锂–6和锂–7都容易被能量大的中子轰击而产生裂变，同时又产生另一物质氚。氚化锂–6及氢化锂–6就是产生氚—氚热核聚变反

🔍 **锂电池**

应的固体原料。这种热核反应以瞬间爆炸出现，释放出巨大的能量，这就是大家所熟知的氢弹爆炸。氘化锂-6就是氢弹爆炸的炸药，1千克氘化锂的爆炸力相当于5万吨三硝基甲苯。

锂同位素分离有多种方法，如化学交换法、离子交换法、电迁移法、热扩散法等，具有实际生产意义的目前只有化学交换法。

重水的生产有三种方法，即化学交换法、蒸馏法和电解法。重水可直接用在重水核反应堆中作慢化剂和冷却剂。也可进一步电解，把氘与氧分离，与锂-6化合成氘化锂-6，作为热核能。产氚有多种方法：如锂-6靶件制造、堆内辐照、熔融提取、杂质净化和同位素分离等，利用加速器也可生产氚。

（1）开路电压

开路电压是指电池在开路状态下的端电压。电池开路电压等于电池在断路时（即没有电流通过两极时）电池的正极电极电势与负极的电极电势之差。电池开路电压会依电池正、负极与电解液的材料而异，如果电池正、负极材料一样，不管电池体积多大，几何结构如何变化，其开路电压是一样的。

（2）三硝基甲苯

三硝基甲苯为白色或淡黄色针状结晶，无臭，有吸湿性。本品为比较安全的炸药，能耐受撞击和摩擦，但任何量突然受热都能引起爆炸。三硝基甲苯有中等毒性，可经皮肤、呼吸道、消化道等侵入，主要危害是慢性中毒，局部皮肤刺激产生皮炎和黄染。

（3）慢化剂

慢化剂又称中子减速剂。在一般情况下，可裂变核发射出的中子的飞行速度比其被其他可裂变核捕获的中子速度要快，因此为了产生链式反应，就必须要将中子的飞行速度降下来，这时就会使用中子减速剂。

46

锂是高科技材料

锂是军工、民用两个领域最常见、最重要的金属之一。锂的应用领域广泛。

原子能工业：同位素锂-6是生产氢弹不可缺少的原料。利用锂的核聚变反应堆发电，具有效率高、价格低、安全易控制、放射性危害小等优点。

高能燃料：用锂或锂的化合物做成的高能燃料，用于火箭、飞机或潜艇的推进，具有燃烧温度高、速度快、火焰宽、单位重量发热量大、排气速度快等特点。

冶金工业：Li-Al、Li-Mg等轻合金具有加工性能好、延性大、抗腐蚀力强、抵抗高速粒子穿透能力的特点，用作卫星、宇宙飞船、飞

 潜艇

机等的结构材料。

用于黑色、有色金属及其合金的精炼与脱气。它能有效地除去氧、氮、氢、氧化物及硫化物等杂质。

铝电解槽中加入4%~5%的氟化锂（或碳酸锂），可提高电流效率，增加电解槽的产能。

化学电源：碱性蓄电池中加入氢氧化锂，可以增加电容量12%~15%。延长使用寿命2~3倍。以锂做成的锂高能电池，单位储电能力大，重量轻，充电速度快，适应范围广，成本也较低。可用于轻便通讯设备、无线电装置以及火箭、导弹的加速与爬升。也可用作电动汽车的电源，其行车费用只需汽油车的1/3。故锂有"21世纪新能源"之称。

（1）军工

军工是非战斗人员，以前后勤运输不发达，弹药、补给以及伤员运送都靠军工一手一脚地搬运。军工主要分两种，一是民兵或者退役民兵，有一定的军事素质，负责一线运送物资，下撤伤员；二是直接征募的平民，主要是边境农民，负责后方的物资运输。

（2）潜艇

潜艇是一既能在水面航行又能潜入水中某一深度进行机动作战的舰艇，也称潜水艇，是海军的主要舰种之一。潜艇在战斗中的主要作用是：对引陆上战略目标实施核袭击，摧毁敌方军事、政治、经济中心；消灭运输舰船，破坏敌方海上交通线。

（3）冶金工业

冶金工业是指对金属矿物的勘探、开采、精选、冶炼以及轧制成材的工业部门，包括黑色冶金工业（即钢铁工业）和有色冶金工业两大类。冶金工业是重要的原材料工业部门，为国民经济各部门提供金属材料，也是经济发展的物质基础。

47
锂是普通工业原料

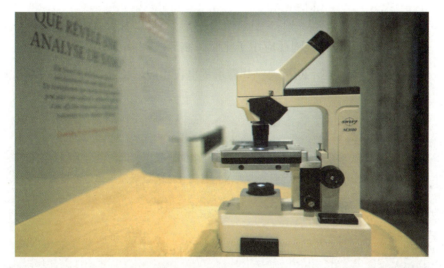

🔍 **光学显微镜**

　　玻璃、陶瓷工业：锂盐（如碳酸锂、氟化锂等）能降低玻璃的融化温度和熔体的黏度，含锂玻璃具有表面平滑、密度大、强度高、热膨胀系数小、耐酸碱腐蚀的特性。用于化学、电子及光学仪器。陶瓷材料中加入锂盐，可增加表面光泽，提高热稳定性及耐腐蚀性，改善流动性及黏着能力，用作飞机及导弹等的涂层材料。用碳酸锂制造的微晶玻璃，其强度超过了不锈钢。

　　空气调节：无水氢氧化锂及氧化锂具有很强的CO_2吸收能力，广泛用于高空飞机、载人宇宙飞船、潜艇等密封舱呼吸再生系统。过氧化锂也是一种良好的二氧化碳吸收剂和供氧剂。溴化锂和氯化锂则广泛用于空气调节装置及制冷技术，还用于有毒气体的净化。

润滑剂：用氢氧化锂调制成的锂基润滑脂，比普通润滑脂的热稳定性、机械稳定性及抗水性均好，可在-50~150℃使用，用于飞机、坦克、战车及精密仪器的润滑。

其他：用锂做成的浮筒用于潜水装置的上浮。锂及其化合物用作有机合成催化剂、漂白剂、食用防腐剂、铝材焊剂等。氧化锂还可用作携带氢源。另外，锂还应用于化肥、制药、橡胶、塑料等。以上说明锂的应用领域在不断扩大，其需求量也在相应增长。

（1）热膨胀系数

热膨胀系数是固体在温度每升高1开尔文时长度或体积发生的相对变化量。物体由于温度改变而有胀缩现象，其变化能力以等压下单位温度变化所导致的体积变化，即热膨胀系数表示。

（2）光学仪器

光学仪器是由单个或多个光学器件组合构成。光学仪器主要分为两大类，一类是成实像的光学仪器，如幻灯机、照相机等；另一类是成虚像的光学仪器，如望远镜、显微镜、放大镜等。

（3）润滑脂

润滑脂是指稠厚的油脂状半固体，用于机械的摩擦部分，起润滑和密封作用；也用于金属表面，起填充空隙和防锈作用。润滑脂主要由矿物油（或合成润滑油）和稠化剂调制而成。

48
锂资源的分布

　　全球已查明锂资源为1276万吨，其中储量200万吨，储量基础810万吨。储量基础较多的国家有智利、阿根廷、玻利维亚、美国、加拿大、澳大利亚、刚果、津巴布韦、纳米比亚、巴西、葡萄牙、俄罗斯和中国等。其中美国、加拿大、澳大利亚、津巴布韦、纳米比亚、俄罗斯和中国等主要从花岗伟晶岩型矿床中开采锂辉石、透锂长石、锂云母和磷铝锂石等，智利、阿根廷则主要从盐湖卤水中提取锂化合物，美国也从盐湖中提取部分锂。

　　世界锂盐开发从硬岩转向盐湖。从北美转向南美。20世纪90年代中期以前锂的开采多是硬岩矿石，后来，由于智利、阿根廷两大盐湖

📍 **茶卡盐湖**

的锂产品投放市场逐渐取代来自硬岩矿石的锂产品，美国甚至关闭了其北卡罗来纳州的一个伟晶岩锂矿石，而集中开采阿根廷的盐湖。几十年来，美国一直是世界上最大的锂生产国，20世纪80年代初产量占世界总产量的70%，20世纪90年代初也占世界总产量的47%。但随着智利和阿根廷低成本盐湖锂的开发，美国在世界上锂的产量也大大下降。1996年，智利已成为世界最大的碳酸锂生产国，产量达2.2万吨。阿根廷由于开采其巨大的盐湖锂矿床，也成为新兴的锂生产国，产量将占世界的17%，列居澳大利亚（产量占世界18%）之后，成为世界第三大锂生产国。仅智利、阿根廷两国从盐湖中提锂的产量就占世界锂产量的46%。可见，盐湖的生产已越来越引人注目。

（1）智利

智利位于南美洲西南部，安第斯山脉西麓。东同阿根廷为邻，北与秘鲁、玻利维亚接壤，西临太平洋，南与南极洲隔海相望，是世界上地形最狭长的国家。智利拥有非常丰富的矿、林、水产资源，铜的蕴藏量居世界第一，它拥有世界上已知最大的铜矿，有"铜之王国"之称。

（2）花岗伟晶岩

花岗伟晶岩主要矿物成分与花岗岩相似，不同之处是暗色矿物含量较少，而富含带有挥发成分或稀有元素的矿物，如白云母、黄玉、电气石、绿柱石等。其成因一般认为是岩浆活动后期，含有挥发成分的花岗岩岩浆侵入围岩形成。

（3）玻利维亚

玻利维亚是南美洲的一个内陆国家，为南美洲国家联盟的成员国。玻利维亚目前是南美洲最贫穷落后的国家。玻利维亚拥有丰富的自然资源，因此被称为"坐在金矿上的驴"。此外，该国还拥有仅次于委内瑞拉的南美洲第二大天然气田。

49
世界含锂盐湖矿

世界上已知重要的含锂盐湖矿有智利的阿塔卡玛、阿根廷的温布雷穆埃尔托、玻利维亚的乌尤尼、美国的"银峰"、中东的"死海"、中国青海柴达木及西藏扎布耶盐湖等。目前正在开发和生产的有智利阿塔卡玛、阿根廷的温布雷穆埃尔托、美国的"银峰"盐湖等。还未开发的重要盐湖有玻利维亚的乌尤尼和中国青海柴达木及西藏扎布耶盐湖等。

青海察尔汗盐湖位于柴达木盆地中东部，面积5856平方千米，属近代沉积氯化型矿。它是国内最大的钾镁盐矿床，也是世界大型盐湖矿床之一。整个盐矿赋存着潜在价值达数十万亿元的以

🔍 青海察尔汗盐湖

钾、镁、钠、锂、硼为主，伴生溴、碘、铷、铯等稀有金属，总储量达600多亿吨的盐类资源。柴达木盆地盐湖分布于干旱气候的高山深盆

中，其中卤水中含锂较高的有一里坪湖（含Li0.052%）、东台吉乃尔湖（含Li0.02%）、涩聂湖（含Li0.04%）和大柴旦湖（含Li0.018%）等。察尔汗盐湖资源丰富，具备开发配套条件，产品市场前景广阔，大规模开发的历史机遇已经到来。

西藏扎布耶盐矿位于藏北高原南部，是世界上三个锂资源量超过百万吨级的矿床之一。它是一个无外流的封闭盆地。盐湖分南北两区，北湖为卤水湖，面积为98平方千米，南湖为半干盐湖，表卤面积为52平方千米，盐滩面积为93平方千米，卤水主要分布在东北部，卤水矿化度甚高，总含盐量达33.33%，含Na、K、Li、Rb、Cs和B，是一个综合性的盐湖矿床。

（1）柴达木

"柴达木"是蒙古语"盐泽"的意思，海拔2600~3000米，面积24万多平方千米，是我国第二大盆地。柴达木盆地有33个盐湖，其中察尔汗、茶卡、柯柯、大柴旦、东台吉乃尔、马海六大盐湖为重点开发区。这里地面有盐、地下有盐、水中有盐、土里有盐，甚至公路也是用盐铺的。

（2）西藏扎布耶盐湖

西藏扎布耶盐湖位于中国西藏地区的仲巴县境内，湖泊面积235平方千米，湖面海拔高度为4400米。扎布耶湖是中国目前已知硼砂含量最多的碳酸盐湖，除拥有大量硼砂和食盐外，还蕴藏着相当数量的芒硝、天然碱、锂、钾等多种矿物。

（3）青海察尔汗盐湖

察尔汗盐湖是中国青海省西部的一个盐湖，位于柴达木盆地南部，总面积5856平方千米。由于水分不断蒸发，盐湖上形成坚硬的盐盖，青藏铁路和青藏公路直接修建于盐盖之上，察尔汗盐湖蕴藏有丰富的氯化钠、氯化钾、氯化镁等无机盐，总储量达20多亿吨，为中国矿业基地之一。

50
从盐湖提取锂资源

📍 卤水盐田

从盐湖中提取锂资源已成为不可抗拒的趋势。采矿之后，要把矿石破碎，经过浮选生产精矿，把精矿加热到1075~1100℃，其矿物的分子结构发生变化，使之更易与硫酸反应。把这种精矿与硫酸混合加热到250℃，就形成硫酸盐，过滤分开不溶物，提纯的硫酸锂溶液用苏打粉处理，沉淀出碳酸锂，经干燥即得产品。这种工艺由于能耗大，其产品成本较高，而从盐湖卤水中提锂的成本要远低于开采硬岩矿石提锂的成本，原因是从卤水中生产碳酸锂能耗较小。其主要流程是用井泵抽吸卤水，由管道通到一连串有地膜的太阳蒸发池浓缩，把盐和钾分离，残留的卤水进一步浓缩到约含锂6%（38%LiCl），再用泵抽送到回收碳酸锂工厂，用苏打粉处理，沉淀出碳酸锂。由于利用太阳能作为主要能源，因而成本自然降低。另外，从盐湖中可以综合利用提取一系列商业产品，除碳酸锂外，还提取钾盐、硫酸盐、硼酸等。由于从卤水提锂的成本记入提钾成本中，因此锂的生产成本十分低廉，在市场上具有较强的竞争力。

金属锂及锂盐在国民经济发展中，具有广泛的用途，占有重要的战略地位，尤其是近年来在高科技领域中的应用不断扩大。盐湖卤水提锂工艺流程简单，能耗小，成本低，国外已实现工业化生产。中国有世界最为丰富的卤水锂资源，但尚未进行规模化开发。中国锂工业的发展需要适应资源结构的变化，将重点转移到卤水提锂方面来，要顺应国际化的发展趋势，使锂产业有一个较大的发展。

（1）浮选

浮选是漂浮选矿的简称。浮选是根据矿物颗粒表面物理化学性质的不同，从矿石中分离有用矿物的技术方法。浮选法广泛用于细粒嵌布的金属矿物、非金属矿产、化工原料矿物等的分选。

（2）苏打粉

苏打粉俗称"小苏打"，白色细小晶体，在水中的溶解度小于碳酸钠。固体50℃以上开始逐渐分解生成碳酸钠、二氧化碳和水，270℃时完全分解。碳酸氢钠是强碱与弱酸中和后生成的酸式盐，溶于水时呈现弱碱性。常利用此特性作为食品制作过程中的膨松剂。

（3）卤水

卤水指盐类含量大于5%的液态矿产。聚集于地表的称表卤水或湖卤水，聚集于地面以下者称地下卤水，与石油聚集在一起的称石油卤水。按卤水的化学性质可分为氯化物型卤水、硫酸盐型卤水、碳酸盐型卤水。

51
锂 云 母

锂云母的化学组成含氧化锂（Li_2O）3%~6%，常含氧化镁（MgO）、氧化铁（Fe_2O_3）、氧化钙（CaO）、氧化钠（Na_2O）、氧化铯（Cs_2O）、氧化铌（Nb_2O_5，有时可达3.37%），含氧化镁（MgO）的叫带云母。

锂云母单晶少见，通常为片状、鳞片状集合体，偶见晶簇。

呈玫瑰色、浅紫色，有时为白色和桃红色（含锰）。玻璃光泽，片状解理完全，很容易被撕成一片一片的，而且每片都有弹性。

锂云母为典型的气成蚀变矿物，常产在云英岩中，也见于伟晶岩中，与锂辉石、黄玉、长石等共生。

用火焰烧时，易熔成白瓷状物（白云母难熔），火焰呈洋红色（锂的火焰反应）。

锂云母是提取锂的主要原料之一，由于其中含氧化铯（Cs_2O）、氧化铌（Nb_2O_5），所以又是铌、铯的主要原料之一。

含锂的矿物还有铁锂云母，这种云母的化学成分变化很大，含铁（FeO）有时可达12.5%，一般含锂（Li_2O）在5%以下。颜色为灰褐色，少数为暗绿色，也是锂的工业矿物之一。

🔍 锂云母

（1）晶簇

晶簇是指由生长在岩石的裂隙或空洞中的许多矿物单晶体所组成的簇状集合体，它们一端固定于共同的基地岩石上，另一端自由发育而具有良好的晶形。晶簇可以由单一的同种矿物的晶体组成，也可以由几种不同的矿物的晶体组成，如石英晶簇等。

（2）解理

解理是指矿物晶体受力后常沿一定方向破裂并产生光滑平面的性质。解理可以用来区别不同的矿物质，不同的晶质矿物、解理的数目、解理的完善程度和解理的夹角都不同。利用这一特性可以在样品和显微镜下区别不同的矿物质。

（3）黄玉

黄玉又叫黄晶，它是由火成岩在结晶过程中排出的蒸气形成的，一般产于流纹岩和花岗岩的孔洞中。黄玉一般呈柱状、不规则的粒状或块状，颜色多种多样，有玻璃光泽，有的无色透明。黄玉的颜色在阳光长时间曝晒下会发生褪色。透明且漂亮的黄玉属于名贵的宝石。

锂 辉 石
52

锂辉石的化学成分含氧化锂（Li_2O）8.1%、三氧化二铝（Al_2O_3）27.4%、二氧化硅（SiO_2）64.5%，还混有铁、钙、钾、钠、铬、铯、钍。紫色透明的变种称锂辉石；绿色（含铬）透明的变种称翠绿锂辉石。

锂辉石晶体呈柱状，柱面有纵纹。集合体为块状，也有的呈隐晶质。

锂辉石为灰白色、淡黄色、淡绿色、翠绿色或紫色。玻璃光泽或珍珠光泽，解理不完全，有参差状断口。有垂直柱体的裂开，比重3.13~3.2。

锂辉石为典型的花岗伟晶岩矿物，与绿柱石、电气石、石英、长石共生。

锂辉石产于伟晶岩脉内，并与其他锂矿物伴生。火焰呈浅红色（锂的反应）。

锂辉石是提取锂的原料，用于原子工业、医药、玻璃工业。此外，还有一种含锂矿物——纤钡锂石，这是中国新发现（湖南发现）的矿物，呈浅黄色，为针状、放射状、纤维状细小晶体，产于水晶矿锂云母石英脉的晶洞中，与锂云母、石英等共生。

🔍 锂辉石

（1）隐晶质

　　隐晶质岩石中矿物晶粒极为细小，肉眼无法分辨出矿物颗粒，甚至在偏光显微镜下也不能分辨，但有光性反应，据此可与玻璃质相区别。一般火山岩常具有隐晶质。

（2）珍珠光泽

　　珍珠光泽是矿物光泽的一种，属集合体光泽。具有最完全解理的透明矿物，由于光线通过几层解理面的连续反射和互相干涉，呈现与珍珠相似的光泽。典型的如白云母的珍珠光泽，其他还有片状石膏等。

（3）断口

　　断口是矿物的一种力学性质，与"解理"相对，矿物受力后不是按一定的方向破裂，破裂面呈各种凹凸不平的形状的称断口。没有解理或解理不清楚的矿物才容易形成断口。

53

锂 电 池

金属作为能源，已引起科学家们的关注。许多金属在新能源的开发上已崭露头角。例如人们熟知的轻金属锂，就是其中的一种。据估计，1克锂的有效能量最大可达853万千瓦·时，比铀-235裂变产生的能量大8倍，相当于3.7吨标准煤产生的能量。现代宇宙飞行器和深海潜水探测器特别需要能在无氧条件下燃烧发热的燃料，金属锂就是这一理想能源。

锂电池更有独到之处，它重量轻，体积小，功率和能量密度大，无污染。锂电池既为各种现代化的电子设备提供能源，也为大功率的机车驱动、船艇推进提供能源。科学家们认为，锂电池的利用是解决世界能源危机和环境污染的重要途径，发展锂电池生产已为各国所重视。目前美国开采的锂有2/3用于制作锂电池。

近年来，人们还青睐一种新能源——金属电池。有一种银基电池，不但具有每千克330千瓦/小时的能量密度，而且能提供大电流，在高速飞机、导弹上有着特殊的用途。美国发射的许多宇宙飞船都相继采用了这类电池。

🔍 锂电池

（1）潜水探测器

　　潜水探测器是指具有水下观察和作业能力的活动深潜水装置，主要用来执行水下考察、海底勘探、海底开发和打捞、救生等任务，并可以作为潜水员活动的水下作业基地。潜水探测器具有海底采样、水中观察测定以及拍摄录像等功用，广泛应用于海洋基础学科的研究和海洋资源的调查、开发领域。

（2）能源危机

　　能源危机是指因为能源供应短缺或是价格上涨而影响经济。这通常涉及石油、电力或其他自然资源的短缺。能源危机通常会造成经济衰退。从消费者的观点看，汽车或其他交通工具所使用的石油产品价格的上涨降低了消费者的信心并增加了他们的开销。

（3）能量密度

　　能量密度是指在一定的空间或质量物质中储存能量的大小。在食品营养学的角度上，能量密度是指每克食物所含的能量，这与食品的水分和脂肪含量密切相关。食品的水分含量高则能量密度低，脂肪含量高则能量密度高。

54
解决能源危机的最终途径

科学家认为，人类最终解决能源危机的途径是充分利用核聚变能。

核聚变的燃料主要是氢、氘、氚。氘和氚都是氢的同位素，它们的原子结构与氢相同，都是一个电子围绕着一个原子核，只是原子核的组成不同。氢的原子核里只有一个质子，氘的原子核里多了一个中子，而氚的原子核里有两个中子，所以氘又称重氢，氚又称超重氢。氢与氧化合形成水，氘与氧化合形成重水，而氚与氧化合则形成超重水。自然界里的水几乎是用之不竭的，因此氢的数量也是难以计算的。氘的含量虽然不多，但在浩瀚的大海里，氘的总量也超过了 2.3×10^5 亿吨，足够人类使用几十亿年之久。

氢弹爆炸，就是在超高压和高温情况下，氘和氚的聚变反应。不过氢弹能很难直接利用，因为它的能量是在瞬间放出来的。只有受控的热核反应才便于我们利用，受控的热核反应的研究目的就在于想方设法让聚变能慢慢地释放出来。要实现这一目的有两个难题要解决：第一，是激发热核反应的高温（高达数百万、数千万摄氏度，甚至上亿摄氏度）；第二，控制反应速度，这是相当困难的。

第一颗氢弹模型

（1）电子

电子是构成原子的基本粒子之一，质量极小，带负电，在原子中围绕原子核旋转。不同的原子拥有的电子数目不同，例如，每一个碳原子中含有6个电子，每一个氧原子中含有8个电子。能量高的离核较远，能量低的离核较近。通常把电子在离核远近不同的区域内运动称为电子的分层排布。

（2）超高压

一般认为超过100兆帕的压强是超高压。在超高压条件下，生物体高分子立体结构中的氢键结合、疏水结合、离子结合等非共有结合发生变化，使蛋白质变性，淀粉糊化，酶失活，细胞膜破裂，生命活动停止，微生物菌体破坏而死亡。

（3）超高温

一般称几千摄氏度到一万摄氏度的温度为高温，比这更高的温度称为超高温。在超高温下，物质状态发生显著变化，原子由于其中的电子脱离原子核的束缚而成为离子。物质的这一状态称为物质的第四状态，即等离子体。氕核和氘核在超高温下结合成新的原子核，释放更大核能，称为聚变。

55
放射性与放射性衰变

原子核自发地放射出 α、β、γ 等射线的现象，称为放射性。

1898年，贝可勒尔等人又指出：β射线同阴极射线一样，是一种带负电的电子流；α射线是一种带正电的粒子流，即氦核流；γ射线是一种波长极短的电磁波，是能量极高的不带电的光子流。至此，人们才揭示了天然射线的真面目。

中子数和质子数过多或偏少的核素，都是不稳定的，它会自发地锐变成另一种核素，同时放出射线。这种现象叫作放射性衰变。放射性衰变有三种：α衰变、β衰变和γ衰变。

放射性活度是一定量的放射性物质，在单位时间间隔内的核衰变数。它的法定计量单位是贝尔，1贝尔=1次衰变每秒。它与旧单位居里的关系是：1居里=3.7×10^{18}贝尔，在单一的放射性衰变过程中，放射性核素的活度减少到其原有值一半所需的时间，称为半衰期。它是放射性元素的一个特性常数。

原子核放射性衰变的规律为：放射性原子核的数目随时间按指数规律减少。鉴于α、β、γ射线的电离作用和贯穿本领，在工农业生产和科学研究中有重要应用。

🔍 手电筒用锂电池

（1）阴极射线

阴极射线是从低压气体放电管阴极发出的电子在电场加速下形成的电子流。阴极可以是冷的也可以是热的，电子通过外加电场的场致发射、残存气体中正离子的轰击或热电子发射过程从阴极射出。阴极射线可用于电子示波器中的示波管、电视的显像管等，还可直接用于切割、熔化、焊接等。

（2）波长

波长指沿着波的传播方向，在波的图形中相对平衡位置的位移时刻相同的相邻的两个质点之间的距离。在横波中波长通常是指相邻两个波峰或波谷之间的距离。在纵波中波长是指相邻两个密部或疏部之间的距离。

（3）放射性活度

放射性活度是指放射性元素或同位素每秒衰变的原子数，目前放射性活度的国际单位为贝克勒（Bq），也就是每秒有一个原子衰变，一克的镭放射性活度为3.7×10^{10}贝克勒。

56
核素与同位素

科学家们把具有特定质量数、质子数和核能态的一类原子，称为核素（即核元素）。具有放射性的核素称为放射性核素，不发生和极不易发生放射性衰变的核素，称为稳定核素。

质子数相同，而中子数不同的一类原子称为同位素。它们在元素周期表中占同一位置。同位素的化学性质基本相同，但核特性不同。具有放射性的同位素，叫作放射性同位素。存在于自然界中的放射性同位素，叫作天然放射性同位素；用人工方法制造出的放射性同位素，叫作人工放射性同位素。不具有放射性的同位素，其原子核是稳定的，称为稳定同位素。

同位素按其质量不同，通常又分为轻同位素和重同位素。周期表中的第1号元素氢的同位素有氕、氘、氚；周期表中第92号元素铀的同位素主要有4种，即铀-238、铀-235、铀-234、铀-233；周期表中第3号元素锂的同位素有锂-6和锂-7；周期表中第94号元素钚也有多种同位素，如钚-239、钚-240、钚-242；周期表中第90号元素钍有6种同位素，其中含量最多、寿命最长的是钍-232。

上述物质（氢、铀、锂、钍和钚）及其同位素，都可作为获取核能的燃料。

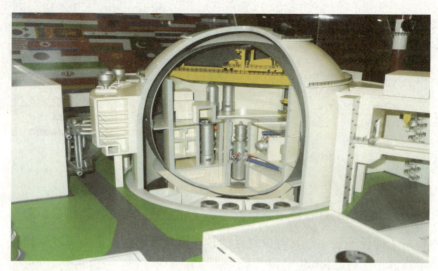

核反应堆模型

（1）质量数

质量数是将原子内所有质子和中子的相对质量取近似整数值相加而得到的数值。由于一个质子和一个中子相对质量取近似整数值时均为 1，所以质量数（A）＝质子数（Z）＋中子数（N）。

（2）化学性质

化学性质是物质在化学变化中表现出来的性质。如：可燃性、稳定性、酸性、碱性、氧化性、还原性、助燃性、腐蚀性、毒性、脱水性等。它与物质分子（或晶体）化学组成的改变有关。

（3）重同位素

重同位素是指某一元素中质量较大的同位素，相对于质量较小的同位素而言，称为重同位素。在周期表后半部的同位素，质量数较大，相对于前半部质量数较小的同位素而言，也称为重同位素。

57
同位素与辐射技术

从20世纪初开始，在科学家努力探索原子核内部奥秘的同时，放射性同位素和电离辐射现象很快被广泛应用。例如，在工业、农业、医学、资源、环境、军事、科研等很多领域的应用，并取得了明显的经济效益、社会效益和环境效益。

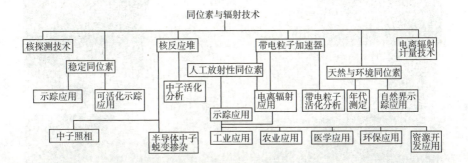

（1）电离辐射

电离辐射是指波长短、频率高、能量高的射线。电离辐射可以从原子或分子里面电离出至少一个电子。电离辐射是一切能引起物质电离的辐射总称，其种类很多，高速带电粒子有α粒子、β粒子、质子，不带电粒子有中子、X射线以及γ射线。

（2）工业

　　工业是社会分工发展的产物，经过手工业、机器大工业、现代工业几个发展阶段。在古代社会，手工业只是农业的副业，经过漫长的历史过程，工业是指采集原料，并把它们在工厂中生产成产品的工作和过程。

（3）科研

　　科研一般是指利用科研手段和装备，为了认识客观事物的内在本质和运动规律而进行的调查研究、实验、试制等一系列的活动，为创造发明新产品和新技术提供理论依据。科学研究的基本任务就是探索、认识未知。

　　第一枚核弹头模型

58
放射性同位素的工业应用

目前，人工放射性同位素的制备有三种方法：在核反应堆中生产、用于制备半中子同位素，简称堆照同位素；用带电粒子加速器制备，多用于贫中子同位素生产，简称加速器同位素；从核燃料后处理料液中分离提取同位素，这种同位素通常称为裂片同位素。

放射性同位素在工业上的应用已经十分广泛了，举例如下：

工业同位素示踪。放射性同位素的探测灵敏度极高，这是常规的化学分析无法比拟的。利用微量同位素动态追踪物质的运动规律，是放射性示踪不可替代的优势。目前，这一技术已广泛用于石油、化工、冶金、水利水文等部门，并取得显著的经济效益。例如，中国每年在石油油田开展的放射性示踪测井达1万多次，为石

 水文站

油工业的高产、稳产立下了汗马功劳。

同位素电池。放射性同位素在进行核衰变时释放的能量，可以用作制造特种电源——同位素电池。这种电池是目前人类进行深空探索唯一可用的能源。空间同位素电池（如钚–238电池）的特点是：不需对太阳定向，小巧紧凑，使用寿命长。

同位素监控仪表。放射性同位素放出的射线作为一种信息源，可取得工业过程中的非电参数和其他信息。根据这一原理制作的各种同位素监控仪表，如料位计、密度计、测厚仪、核子秤、水分计、γ射线探伤机和离子感烟火灾报警器等，可用来监控生产流程，实现无损检测以及探知火情等。

（1）带电粒子加速器

带电粒子加速器是用人工方法使带电粒子受电磁场作用而加速达到高能量的装置。日常生活中常见的带电粒子加速器有用于电视的阴极射线管和X光管等设施，是探索原子核和粒子的性质、内部结构和相互作用的重要工具，在工农业生产、医疗卫生、科学技术等方面也都有重要而广泛的实际应用。

（2）同位素示踪

同位素示踪是利用放射性核素或稀有稳定核素作为示踪剂对研究对象进行标记的微量分析方法，化合物的同位素标记物与其非标记物具有相同的生物化学性质，且同位素能够很灵敏地被检测，因而追踪同位素标记物在所研究对象中的移动、分布、转变或代谢等，是生物科学研究的有力手段。

（3）水文

水文是指自然界中水的变化、运动等各种现象。现在一般指研究自然界水的时空分布、变化规律的一门边缘学科。水文学属于地球科学，研究的是关于地球表面、土壤中、岩石下和大气中水的发生、循环、含量、分布、物理化学特性、影响以及与所有生物之间关系的科学。

59
辐射技术的农业应用

　　辐射加工。辐射加工是利用电离辐射作为一种先进的手段，对物质和材料进行加工处理的一门技术。这种加工方式目前已在交联线缆、热塑材料、橡胶硫化、泡沫塑料、表面固化、中子蜕变掺杂单晶硅、医疗用品消毒、食品辐照保藏以及废水、废气处理等方面取得成效，形成产业规模。

　　辐射育种。辐射育种是利用 γ 射线等射线诱发作物基因突变获得

 棉花

有价值的新突变体，从而育成优良品种。中国辐射突变育种的成就突出，育成的新品种占世界总数的1/4。特别是粮食、棉花、油料等作物的推广，取得了显著的增产效果。

农业科研的示踪应用。同位素示踪在农业中的应用主要是从事肥料和农药的效用与机理、有害物质的分解与残留探测、生物固氮、家畜疾病诊断以及妊娠预测等方面的研究。

昆虫辐射不育。昆虫受到电离辐射照射，可使昆虫丧失生殖能力，从而降低害虫的数量，进一步达到防治甚至根除害虫的目的。昆虫辐射不育是一种先进的生物防治方法，不存在农药的环境污染问题。

（1）热塑材料

热塑材料指具有加热软化、冷却硬化特性的塑料。我们日常生活中使用的大部分塑料属于这个范畴。加热时变软以至流动，冷却变硬，这种过程是可逆的，可以反复进行。聚乙烯、聚丙烯、聚氯乙烯、聚苯乙烯等都是热塑材料。

（2）硫化橡胶

硫化橡胶指硫化过的橡胶，具有不变黏、不易折断等特质，橡胶制品大都用这种橡胶制成，也叫熟橡胶，通称橡皮或胶皮。作为硫化橡胶的原料橡胶，只能用硫黄或过氧化物交联的橡胶。

（3）泡沫塑料

泡沫塑料是由大量气体微孔分散于固体塑料中而形成的一类高分子材料，具有质轻、隔热、吸音、减震等特性，且介电性能优于基体树脂，用途很广。几乎各种塑料均可做成泡沫塑料，发泡成型已成为塑料加工中的一个重要领域。

60
核辐射技术的医学应用

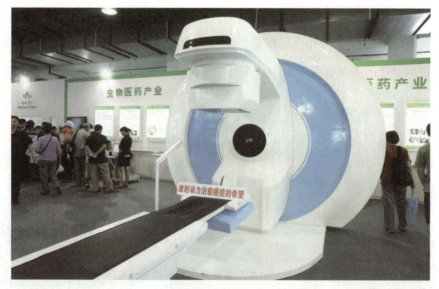

🔎 **放射检测设备**

　　核医学诊断是根据放射性示踪原理，对患者进行疾病检查的一种诊断方式。在临床上可分为体内诊断和体外诊断。体内诊断是放射性药物引入体内，用仪器进行脏器显像或功能测定。体外诊断是采用放射免疫分析方法，在体外对患者体液中生物活性物质进行微量分析。中国每年约有数千万人次进行这种核医学诊断。

　　癌症的放射治疗。电离辐射有杀灭癌细胞的能力。目前，放射治疗是癌症治疗三大有效手段之一，70%以上的癌症患者都需要采用放射治疗。放射治疗可分为外部距离照射、腔内后装进程照射、间质短程照射和内介入照射等。体内放射性药物治疗是近年来很受医学界关注的临床手段。单克隆抗体与放射性核素结合生成的导向药物（"生物导弹"），可能为恶性肿瘤的内照治疗提供一种新的有效途径。

食品辐照保藏。食品辐照保藏就是利用电离辐射对食品进行照射，以抑制发芽、杀虫灭菌来延长货架期和检疫处理等，从而达到保存食品的目的。经辐照彻底灭菌的食品是宇航员和特种病人最为理想的食品。目前，国外食品辐照已经作为预防食源性疾病和开展国际农产品检疫的一种有效手段。

（1）核医学

核医学是采用核技术来诊断、治疗和研究疾病的一门新兴学科。它是核技术、电子技术、计算机技术、化学、物理和生物学等现代科学技术与医学相结合的产物。核医学可分为两类，即临床核医学和基础核医学，或称实验核医学。

（2）生物导弹

生物导弹是免疫导向药物的形象称呼，它由单克隆抗体与药物、酶或放射性同位素配合而成，因带有单克隆抗体而能自动导向，在生物体内与特定目标细胞或组织结合，并由其携带的药物产生治疗作用。

（3）食源性疾病

食源性疾病是指通过摄食而进入人体的有毒有害物质等致病因子所造成的疾病。一般可分为感染性和中毒性，包括常见的食物中毒、肠道传染病、人畜共患传染病、寄生虫病以及化学性有毒有害物质所引起的疾病。食源性疾病的发病率居各类疾病总发病率的前列，是当前世界上最突出的卫生问题。